Per Pinstrup-Andersen
Ebbe Schiøler

Der Preis der Sattheit

Gentechnisch veränderte Lebensmittel

Übersetzt aus dem Englischen
von Susanna Grabmayr und
Marie-Therese Pitner

Mit einem Geleitwort von
Klaus Ammann

SpringerWienNewYork

Per Pinstrup-Andersen
Washington, DC, U.S.A.

Ebbe Schiøler
Roskilde, Denmark

Titel der dänischen Originalausgabe
„Mæthedens pris – bioteknologi, fodevarer og globalt ansvar"
Copyright der deutschen Fassung 2001 by Per Pinstrup-Andersen und
Ebbe Schiøler by arrangement with Rosinante Publishers Ltd.

Übersetzung aus dem Englischen
von Susanna Grabmayr und Marie-Therese Pitner

Das Werk ist urheberrechtlich geschützt.
Die dadurch begründeten Rechte, insbesondere die der Übersetzung, des Nachdrucks, der Entnahme von Abbildungen, der Funksendung, der Wiedergabe auf photomechanischem oder ähnlichem Wege und der Speicherung in Datenverarbeitungsanlagen, bleiben, auch bei nur auszugsweiser Verwertung, vorbehalten. Die Wiedergabe von Gebrauchsnamen, Handelsnamen, Warenbezeichnungen usw. in diesem Buch berechtigt auch ohne besondere Kennzeichnung nicht zu der Annahme, dass solche Namen im Sinne der Warenzeichen- und Markenschutz-Gesetzgebung als frei zu betrachten wären und daher von jedermann benutzt werden dürften. Produkthaftung: Sämtliche Angaben in diesem Fachbuch erfolgen trotz sorgfältiger Bearbeitung und Kontrolle ohne Gewähr. Insbesondere Angaben über Dosierungsanweisungen und Applikationsformen müssen vom jeweiligen Anwender im Einzelfall anhand anderer Literaturstellen auf ihre Richtigkeit überprüft werden. Eine Haftung des Autors oder des Verlages aus dem Inhalt dieses Werkes ist ausgeschlossen.

© 2001 Springer-Verlag/Wien

Umschlagbild: Mauritius/Phototake
Satz: Composition & Design Services, Minsk 220027, Belarus

Gedruckt auf säurefreiem, chlorfrei gebleichtem Papier – TCF
SPIN: 10834134

Die Deutsche Bibliothek – CIP-Einheitsaufnahme
Ein Titeldatensatz für diese Publikation ist bei
Der Deutschen Bibliothek erhältlich

ISBN-13:978-3-211-83660-6   e-ISBN-13:978-3-7091-6755-7
DOI: 10.1007/978-3-7091-6755-7

Geleitwort

Es ist schade, dass die Debatte in der Gentechnologie derart von Lagerdenken geprägt wird. Die Debatte wird leidenschaftlich geführt, dagegen ist nichts einzuwenden, denn schließlich hat die Biologie ihre Unschuld verloren – und im Ackerbau kann man nun sehr direkt die Erbeigenschaften der Kulturpflanzen verändern. Dies wird dem Publikum erst in diesen Jahren so richtig bewusst, obschon dieser Prozess bereits vor hunderten von Jahren mit stetig gesteigerter Geschwindigkeit ablief. Es ist auch vielen Konsumenten erst in den letzten Jahren bewusst worden, dass auch auf dem Acker, bei der Lebensmittelproduktion Dinge vor sich gehen, die die Evolution beeinflussen. Kein Wunder also, wenn die Diskussion sehr kontrovers geführt wird.

Am schönsten zeigt sich dies im komplexen Umfeld der möglichen ökologischen Folgen bei der Freisetzung transgener Kulturpflanzen, zu der in den letzten zwei Jahren zahlreiche wissenschaftliche Publikationen erschienen sind.

Exemplarisches Beispiel: die durch Bt-Maispollen vergifteten Raupen des Monarchfalters. Die Publikation 1999 in Nature von Losey zu den durch Bt-Maispollen vergifteten Monarchraupen löste einen Schock aus, der noch heute nachwirkt – Monsanto verlor innert weniger Tage bedeutende Aktienwerte und die Tageszeitungen reagierten weltweit mit großteils unzulässig verkürzten Meldungen, die der eigentlichen Sache kaum gerecht wurden. Losey, der Autor dieser reinen Laborstudie, warnte zwar höchstselbst vor allzu schnellen Rückschlüssen auf das Geschehen draußen auf dem Acker. Seine Resultate waren für viele Laien scheinbar eindeutig: Innert 4 Tagen starben von den mit Bt-Pollen zwangsverfütterten Larven dieses prächtigen und in den amerikanischen Schulen sehr populären Wanderfalters 40%, isoliert betrachtet wahrlich eine alarmierende Zahl. Die Arbeit Loseys schlug auch deswegen so ein, weil die Saatgutfirmen ihren Gentech-Mais als eine Wunder-

waffe gegen den Maiszünsler anpriesen, deren gentechnisch eingebautes Gift sehr selektiv wirken würde.
Bereits lange vorher wurden, empfohlen u.a. durch Rachel Carson in ihrem epochemachenden Buch *Der stumme Frühling*, die Bt-Gifteiweiße als Bio-Pestizide gesprüht. Ihre Giftwirkung auf Falterarten war bekannt, es wurden durch unvernünftige Anwendungen bereits auch erste Resistenzen erzeugt. Was vorerst statistisch wenig gesicherte Kleinfeld-Tests zeigten, wurde in den letzten beiden Jahren durch umfangreiche Feldversuche bestätigt: die Giftwirkung hielt sich in Grenzen. Neueste vergleichende Feldstudien lassen sogar zweifeln, ob man die Populationen der Nutzinsekten von Bt-Maisfeldern von solchen ohne Bt-Pflanzen überhaupt unterscheiden kann.

Dennoch perpetuieren einige Gentechkritiker punkto Bt-Mais Katastrophen-Szenarien, wie sie scheinbar durch weitere Laborstudien zu Florfliegen u.a. Nützlingen gestützt werden. Zu guter Letzt erhielten sie auch noch Schützenhilfe durch eine neue Feldstudie, die markante Schäden an Monarchraupen nachwies (Hansen u. Obrycki, Oekologia Mai 2000). Liest man jedoch diese Studie aufmerksam, so kann man nicht übersehen, dass auch hier genau genommen unter Laborbedingungen mit unnatürlich hohen Bt-Pollenmengen Giftwirkungen „nachgewiesen" wurden, wie sie unter strengen Naturbedingungen nur sporadisch auftreten können. Dennoch: Die Studie rechtfertigt weitere Langzeitbeobachtungen. Insgesamt erlaubt die Datenlage jedoch keine generellen Freisetzungsverbote. Das Lagerdenken ist auch hier fehl am Platz. Dies gilt im Übrigen auch für andere mögliche Schadens-Szenarien der Bt-Eiweiße wie Akkumulation im Boden, Resistenzbildung bei Insekten usw. Langzeitbeobachtungen sind also gerechtfertigt, vorab aus Gründen der langfristigen Risikoabschätzung, aber auch aus wissenschaftlichen Gründen: Erstmals ist es dank der präzis markierenden Transgene möglich, langfristige Prozesse im Ackerbau genau zu verfolgen – das ist natürlich auch gerade das Pech der neuen Technologie. Die Novität der eingebrachten Gene rechtfertigt zwar bis zu einem gewissen Maße besondere Risikoabklärungen, dies enthebt uns aber nicht der Pflicht aus wissenschaftlicher Sicht, eine ausgewogenere Betrachtungsweise immer wieder zu prüfen.

Ob sich jedoch der Einsatz des schädlingsresistenten Bt-Mais in bestimmten Regionen lohnt, sei dahingestellt – die Begründung ist komplex und ist wohl kaum abschließend zu geben: Vielerorts (aber nicht überall) ist der mit dem Bt-Mais bekämpfte Maiszünsler gar kein Problem und die Kleinräumigkeit der Landwirtschaft vieler Regionen wirft die Frage nach dem Pollenflug auf, auch dann, wenn man nach Messungen von sehr geringen Mengen ausgehen kann – der Wunsch der Biobauern nach Gentechfreiheit ist durchaus zu respektieren, wenn auch nicht wissenschaftlich begründbar. Es wäre sogar zu hinterfragen, ob ein negatives Marketing der Gentechfreiheit überhaupt nachhaltig sein kann. Die in diesem Zusammenhang ins Feld geführten Katastrophen-Szenarien, dass sich dieser Bt-Mais dann buchstäblich in „Windeseile" vermehren würde, sind nicht sehr realistisch angesichts der Tatsache, dass eine überwiegende Mehrheit der Bauern heute den sehr ertragreichen Hybridmais kauft und somit auf eigene Saatgutvermehrung schon lange verzichtet und damit die etwas laienhaft beschworene dramatische Vermehrung ausgeschlossen werden kann. Auch wenn wir uns hier aus Platzgründen an das Beispiel des Mais halten, sei nicht verschwiegen, dass sich bezüglich Raps und anderen Kulturpflanzen die Auskreuzungs- und Vermehrungsverhältnisse ungünstiger gestalten.

Insgesamt: Selbst dieser sehr kurze Ausschnitt aus der ökologischen Risikodiskussion vermittelt ein Bild von der großen Komplexität und belässt breiten Spielraum der Interpretation. Der Gesetzgeber hat es hier nicht leicht, will er das Prinzip der Vorsorge zur Anwendung bringen.

Lösungswege

Es sollten differenzierte Lösungswege gesucht werden, sie werden in einem Schlussabschnitt noch angedeutet. Es wäre ein Jammer, wenn durch langwierige Debatten um Moratoriumsforderungen die Entwicklung und insbesondere die Freisetzung zu Forschungszwecken behindert werden sollte, z.B. mit der durch nichts begründbaren Forderung, mit solchen Freisetzungen zuzuwarten, bis der Moratoriumsentscheid gefallen sei – so gesehen haben Moratorien durchaus Verbotscharakter. Auch liberalste Ausnahmeregelungen zugunsten der Forschung wirken lähmend auf die weitere Entwicklung.

Hier soll aber vorerst versucht werden, die Grundlagen zusammenzufassen, auf denen ein moderner Risikodialog aufgebaut werden müsste.

1. Öffentlicher Hearingsprozess. Ausgerechnet die Neuseeländer machen es uns vor, wie ein öffentlicher Hearingsprozess ablaufen sollte: Eine eigens dazu gebildete „Royal Commission" befasst sich nun schon einige Wochen mit einem professionell durch einen hohen und angesehenen Richter geführten und in aller Öffentlichkeit stattfindenden Hearingsprozess, der auch anderwärts interessant werden könnte (http://www.gmcommission.govt.nz/). Dabei werden in aller Gründlichkeit Tausende von Statements aus allen Lagern schriftlich eingereicht, auf einer Internetseite öffentlich zugänglich, dazu ist zu jeder größeren Zeugenaussage ein Kreuzverhör organisiert, das ebenfalls wörtlich protokolliert ist und öffentlich zugänglich wird. So können populistische Slogans aller Lager vermieden werden – oder doch gründlich hinterfragt werden. Es wird hier also nicht ein Konsens gesucht, es werden auch keine statistisch einwandfrei zusammengestellten Laienkommissionen unter einen Konsens- und Entscheidungsdruck gesetzt, dem sie schon prinzipiell kaum standhalten können. Erst im Abschlussbereich der Hearings wird dann eine möglichst offene, transparente erste Beurteilung dieses Prozesses durchgeführt, wobei sich wiederum alle Bürgerinnen und Bürger selbst orientieren können. Der Verfasser konnte persönlich an einem solchen Hearing teilnehmen und fand die lange Reise nach Neuseeland durchaus lohnend. Bemerkenswert ist auch der Einbezug der Maori, die ja einige hundert Jahre vor den Weißen diese Insel besiedelten. Eindrücklich waren, sicher zusammenhängend mit ihrem hohen Integrationsgrad, auch ihre differenzierten Stellungnahmen zur Gentechnologie bezüglich der Maori-Traditionen.

2. Das Vorsorgeprinzip als mögliche Entscheidungshilfe von Fall zu Fall. Der Umgang mit wissenschaftlicher Unsicherheit ist schwierig, er wird fast unmöglich in dem Minenfeld der Gentechdiskussion – und dennoch sind wir durch eine ganze

Reihe von internationalen Abkommen diesem Prinzip verpflichtet. Die ganze Vielfalt dieser Diskussionen zeigt sich beispielhaft in einer internationalen Debatte, die an dem Center for International Development an der Harvard-Universität im September 2000 stattgefunden hat (http://www.cid.harvard.edu/cidbiotech/bioconfpp/). Es nutzt uns wenig, bei den Definitionen und Umschreibungen dieses Prinzips zu beginnen, die ohnehin vage sind und für verschiedene Leute Verschiedenes beinhalten. Der Umgang mit wissenschaftlicher Unsicherheit ist eigentlich ein typisches Problem der Planer, professionelle Planung ist mit diesem Umgang vertraut, besonders wenn die Planungsmethodik der zweiten Generation angewendet wird:

3. Planungsmethodik der zweiten Generation. Die Lösung komplexer Probleme kann nicht mit linearen Planungsmethoden arbeiten, sie muss mit offenen Planungsmethoden der zweiten Generation angegangen werden. Wichtigstes Prinzip: Einbezug aller Betroffenen, dies kann aber nur dann funktionieren, wenn gewisse Grundsätze befolgt werden (Verma Niraj 1998, Similarities, Connections and Systems, Lexington Books):

– Klares Definieren des Problemumfeldes
– Symmetrie der Ignoranz kann dann erreicht werden, wenn verschiedene Wissensarten voll respektiert werden (faktisches Wissen, Planungswissen, explanatorisches Wissen, instrumentelles Wissen, konzeptuelles Wissen und last but not least: lebensweltliches Wissen
– Herunterschrauben der versteckten Agenden (hidden agendas) auf ein mögliches Minimum durch vorhergehenden intensiven Wissensaustausch
– Offenlassen der Planungsergebnisse bis zum Schluss, Konsensfindung in Bezug auf konkrete Entscheidungen zum anfänglich definierten Problemumfeld

4. Die Debatte um die Gentechnologie ist im Wesentlichen eine gesellschaftlich-kulturelle Debatte. Die Biologie hat, wie vor Jahrzehnten die Physik und Chemie, ihre Unschuld verloren. Die Wissenschaft muss einsehen, dass sie sich einer breiten, gesellschaftlich-kulturellen Debatte öffnen muss, dass sie auch im Sinne dieser unvermeidlichen und notwendigen Öffnung der Debatte Verantwortung zu übernehmen hat. Wesentliche Bereiche der Gentechnologie, auch der grünen Gentechnologie, berühren gesellschaftliche Bereiche bis hinein ins Kulturelle. Es ist z.B. die Frage der Lebenshaltung angesprochen. Wie weit kann sich die Gesellschaft einem konsequenten Ökologiekurs verschreiben, der oft kaum abgestimmt ist mit Ökonomie und Kultur? Noch muss es sich weisen, ob die Biowelle genügend Substanz hat – was man als Ökologe nur hoffen kann – oder ob sie sich als Modeerscheinung der Wohlstandsverdrossenen wieder verflüchtigt. Die Frage der Biolandwirtschaft ist gestellt, nicht nur angesichts ihrer Erfolge, ihrer rasanten Markteinführung, sondern ganz prinzipiell. Wie weit kann eine Biolandwirtschaft aus der noch engen Nische heraustreten, ohne dass wesentliche andere Gefüge ins Wanken geraten? Ist sie fähig, sich zu einer großflächig, breit angewandten Landwirtschaftsform zu mausern? Auch hier ist es wohl richtig, einen Planungsprozess mit offenem Ausgang zu sehen. Wie weit muss sich auch die traditionelle Landwirtschaft von lieb gewordenen Produktionsmythen verabschieden? Die Reihe der Fragen ließe sich beliebig verlängern. Es sollte auch die Mitte der integrierten Landwirtschaft nicht vergessen werden, zu Unrecht fällt sie der polarisierten Debatte zum Opfer. Von diesen utopischen Fragen zurück zur Realität: Die Zukunft der Landwirtschaft ist nicht bloß durch die Biodebatte geprägt, sondern ganz stark auch durch wirtschaftliche und politische Rahmenbedingungen. Es geht um die Sicherstellung der Ernährung einer schnell wachsenden Weltbevölkerung.

5. Können Gentech- und Hightech-Landwirtschaft und Biolandwirtschaft in einiger Zukunft zusammenspannen? Wenn wir konsequent weiterdenken, so stellt sich unvermeidlich die Frage nach der möglichen zukünftigen Verbindung von heute noch sehr unterschiedlichen Landbaustrategien, angefangen von der Biolandwirtschaft über die integrierte Landwirtschaft bis hin zur biotechnologisch orientierten Hightech-Landwirtschaft. Was vorläufig noch also pure Utopie verlacht werden kann – oder schlimmer noch: denunziert als Zwängerei einer Gentech-Lobby, die sich auf der Verliererstraße sieht –, ist möglicherweise die Lösung der Zukunft. Dies ist kein Plädoyer für die sofortige Einführung der Gentechnologie in der Biolandwirtschaft, dies kann nach den heutigen Produkten und Grundhaltungen zu urteilen kaum – wenigstens nicht kurzfristig – funktionieren. Gentech-Kulturpflanzen, die in der industriellen Landwirtschaft anderer Länder durchaus Sinn machen und Pestizidanwendungen reduzieren können, beeindrucken logischerweise jene Bauern nicht, die mit anderen Mitteln längst auf chemische (nicht aber biologische) Pestizide zu verzichten gelernt haben.

Eine gute Vergleichsdokumentation zu diesem ganzen Fragenkomplex stellt Internutrition auf ihrer Homepage zur Verfügung, die BioGen-Studie ist abrufbar über: http://www.internutrition. ch/news/medien/mk001121.html. Sie stellt in ausgewogener Weise Vor- und Nachteile verschiedener Anbauweisen zusammen und deckt auch Forschungslücken auf.

Es wird nicht darum gehen, eine strenge Monokultur weiter zu festigen, indem man die Chemiekeule durch die Genkeule ersetzt, obschon hier auch gleich festgehalten werden muss, dass man sich im Gartenbau und auch im Ackerbau seit vielen Jahrhunderten von einer produktionsstörenden Artenvielfalt verabschiedet hat – und dies wird – allen romantischen Vorstellungen zum Trotz – auch so bleiben. Vielmehr sollten beiden Seiten gemeinsame Planungsziele der Ökologisierung der Landwirtschaft mit vernünftigen Produktionskosten angehen – um in einigen Jahren vielleicht doch Kulturpflanzen und Anbaumethoden zu entwickeln, die einer ökologisch sinnvollen *organotransgenen Strategie* entsprechen. Die zweite und insbesondere die dritte Generation der Kulturpflanzen, die wir aufgrund molekulargenetischer Einsichten herstellen können (einige davon werden transgen sein, andere nicht), sind in den Forschungslaboratorien und werden den langen Weg aller bei Kulturpflanzen üblichen Kontrollen durchlaufen – darunter hat es auch solche, die mit neuen Resistenzsystemen gegen Schädlinge arbeiten, die sich mit erstaunlicher ökologischer Anpassungsfähigkeit auch dort in Kulturen einsetzen lassen, wo heute noch kaum Erträge zu sichern sind (in salzbelasteten Böden z.B.). Es sind auch Kulturpflanzen in Arbeit, bei denen die Auskreuzung unmöglich gemacht wurde – man glaube ja nicht, dass solche Pflanzen, die nicht mehr auskreuzen können, eine pure Utopie der Künstlichkeit seien: In Mitteleuropa ist ein bedeutender Prozentsatz von Wildpflanzen fähig, spontan Embryonen und damit fruchtbare Samen zu bilden.

Zu guter Letzt möchte ich noch eine Lanze brechen für eine gesunde Emotionalität der Debatte: Bereits in der Genschutzdebatte gingen die Emotionen oft hoch, das ist durchaus verständlich, geht es doch bei der Einführung der Gentechnologie auf allen Ebenen um den wohl größten Technologieschub, den die Menschheit je mitgemacht hat und noch lange Jahrzehnte mitmachen wird – so gesehen ist es für Fachleute und Laien durchaus berechtigt, auch Ängste und Bedenken emotional zu äußern. Als Wissenschaftler haben wir keinen Anspruch auf vollständige Versachlichung der Diskussionen. Versachlichung ist aber dort angebracht, wo es um wissenschaftliche Fakten geht. Nur: wenn es um das Einbringen von solchen Fakten geht, die, bewusst oder unbewusst, ignoriert werden sollen, oder noch schlimmer, die bewusst und polemisch verdreht werden, dürfen selbst die Wissenschaftsvertreter emotional reagieren, wenn ihnen die „Sache" wirklich am Herzen liegt. Umgekehrt kann ich keiner Laienperson Wallungen verübeln, wenn sie mit hochnäsigen Experten konfrontiert ist, die nach dem althergebrachten Motto handeln: „Wie sag ich's meinem Kinde?" Es bleibt aber die vornehmste Aufgabe der Wissenschaft, aus Fakten öffentliche Meinung zu gestalten, dies hat uns Hannah Arendt gelehrt, eine eindrückliche Kämpferin für eine Revitalisierung unserer ziemlich blutarmen öffentlichen Debatten.

Prof. Dr. *Klaus Ammann*
Institut für Pflanzenwissenschaften
Universität Bern

Vorwort

Wer die Ereignisse in den Medien verfolgt, stößt unweigerlich schon bald auf Berichte, Kommentare oder Leserbriefe, die sich mit dem Einsatz von Gentechnik in der Landwirtschaft beschäftigen. Die Tendenz ist dabei oft negativ. Die Mehrzahl derjenigen, die ihre Meinung zu den Auseinandersetzungen rund um die Gentechnologie kundtun oder darüber berichten, scheint dagegen zu sein. Ihnen gegenüber stehen Bauern, Wissenschaftler und einige private Unternehmen, die sich bemühen, die Möglichkeiten dieser neuen Technologie herauszustreichen. Und dann gibt es noch die große Zahl der Konsumenten, die versuchen, sich auf diese Diskussion einen Reim zu machen.

Die nahezu schweigende Mehrheit in dieser internationalen Diskussion sind die Menschen in den Entwicklungsländern. Ihre Interessen und Optionen werden inmitten all dieser Polemik weitgehend heruntergespielt – außer man bedient sich ihrer als bloße Schachfiguren. Das ist insofern bedauerlich, als damit ein äußerst wichtiger Aspekt dieser entscheidenden Frage außer Acht gelassen wird: Was kann dadurch Gutes bewirkt werden?

Wir wollen keineswegs behaupten, in diesem Buch im Namen der Entwicklungsländer zu sprechen. Im Gegenteil, unserer Ansicht nach vertreten allzu viele wohlhabende Menschen und Gruppen in Europa und Nordamerika eine inakzeptabel bevormundende Position und geben vor, die Interessen der Entwicklungsländer zu vertreten und genau zu wissen, was das Beste für die Armen in diesen Ländern ist. Wir plädieren stattdessen dafür, den Armen selbst die Gelegenheit zu geben, für sich eine Entscheidung zu treffen.

Uns geht es darum, den Ernst der Nahrungsmittelsituation für Bauern und Konsumenten in den Entwicklungsländern zu veranschaulichen und auf einige realistische Möglichkeiten hinzuweisen, wie die Gentechnik zu einer Verbesserung der Situation beitragen kann, ohne dass dabei untragbare Risiken in Kauf genommen werden. Es bedarf eines verantwortungsvollen Umgangs mit dieser Technologie und so haben wir in diesem Buch einige wesentliche Voraussetzungen für die sichere Anwendung von Gentechnologie und deren Endprodukten auf dem Lebensmittelsektor in den Entwicklungsländern aufgezählt.

Wir sind weder Biologen noch besondere Verfechter dieser Technologie. Wir haben uns jedoch beide viele Jahre hindurch mit Themen der Dritten Welt, der landwirtschaftlichen Forschung und der Lebensmittelpolitik beschäftigt. Dieses Buch ist daher keine wissenschaftliche Abhandlung über die moderne Biotechnologie und verweist nur vereinzelt auf wissenschaftliche Quellen. Dennoch beruht es auf einer Fülle von formellem und informellem Quellenmaterial sowie auf den Ergebnissen von Studien, die von einer Vielzahl von Wissenschaftlern durchgeführt wurden, darunter den Mitarbeitern des International Food Policy Research Institute (IFPRI), dessen Generaldirektor einer der Autoren dieses Buches ist.

August 2001 *Per Pinstrup-Andersen*
Ebbe Schiøler

Inhaltsverzeichnis

1 Worum geht es in der Diskussion? 1

2 Landwirtschaftliche Forschung –
   eine Veränderung im Leben der Menschen 23

3 Forschung, Risiko und Vorteile –
   die Grenzen verschieben sich 57

4 Einfach mehr vom selben –
   was spricht dagegen? 89

5 Die Alternativen 109

6 Genetisch veränderte Nahrungsmittel –
   was bringen sie den Armen? 127

7 Wer bestimmt den Kurs? 153

8 Blick nach vorn –
   Vorsicht ist geboten 179

Erstes Kapitel

Worum geht es in der Diskussion?

Die Diskussion über genetisch veränderte Nahrungsmittel wird sehr emotional geführt und löst, vor allem in einigen europäischen Ländern, einen erstaunlichen Aktivismus aus. Die Diskussion macht auch deutlich, dass die Globalisierung voll eingesetzt hat und die Kommunikation von heute durch die Informationstechnologie geprägt wird. In allen Industrieländern wird gleichzeitig über dieselben Themen, Nachrichten und Forschungserkenntnisse berichtet. Der einzige Unterschied zwischen den verschiedenen Ländern liegt lediglich in der Intensität und dem Klima der Diskussion.

Einige distanzieren sich völlig von dieser Debatte, indem sie sich in fundamentalistischer Manier aufgrund eines einzigen Arguments entweder für oder gegen genetische Veränderung von Nahrungsmitteln entscheiden; mehr gibt es für sie darüber nicht zu sagen. Warum Zeit damit vergeuden und sich differenziertere Standpunkte anhören? Diese unumstößliche Überzeugung ist in manchen europäischen Ländern stärker verbreitet als in den Vereinigten Staaten und Kanada. Wer sich auf eine Diskussion einlässt, vertritt meist eine feste Meinung zu bestimmten wichtigen Punkten der Thematik. Einige der nachstehend auszugsweise wiedergegebenen Meinungen sprechen für sich selbst, sie zeugen aber auch davon, dass die Diskussion bisweilen unter das Niveau absinkt, das die Bedeutung der Problematik eigentlich erfordern würde.

Erstes Kapitel

Ein Auszug aus dem Fragenkatalog

Die dänische Zeitung *Information* erstellte eine Liste, die einen Überblick über viele Fragen rund um diese Problematik gibt: „Können genetisch veränderte Nahrungsmittel gefahrlos verzehrt werden? Wie wirkt sich Gentechnik auf die Umwelt aus? Was wird mit den Pflanzen, Insekten, Vögeln geschehen? Werden den Konsumenten vernünftige Alternativen geboten, und zwar auf Grundlage verlässlicher Informationen? Welche Auswirkungen auf die traditionelle Landwirtschaft und das Leben am Land wird es geben? Werden Unternehmen wie Monsanto allzu große Macht bekommen? Soll es erlaubt sein, Patente auf veränderte Gene zu erwerben? Bedienen wir uns der Wissenschaft auf ethisch vertretbarer Weise? Spielen wir Gott?"[1]

In demselben Artikel wurde dem Generaldirektor von Monsanto die Gelegenheit gegeben, auf die von *Information* gestellten Fragen zu antworten, wobei er meinte, er sei „fest davon überzeugt, dass die Biotechnologie zum Nutzen von Landwirtschaft, Umwelt und Konsumenten sowie zur Entwicklung in der Dritten Welt eingesetzt werden könne".[2] Man beachte, dass durch die Erwähnung der Möglichkeiten für die Entwicklungsländer ein weiterer Punkt zu der bestehenden Liste hinzugefügt wurde. Nicht zufällig wurde dieser Aspekt in der Auflistung von *Information* außer Acht gelassen. Wenn es um eine Polemik in den Industrieländern geht, finden die Entwicklungsländer nur selten Berücksichtigung.

Ein aktiver Protagonist, der Präsident der Novartis Foundation, spricht sich für eine exaktere Terminologie bei der Diskussion der Vor- und Nachteile aus. Er tritt dafür ein, die Charakteristika der Wissenschaft getrennt zu betrachten und jene Punkte, die über die technologischen Aspekte hinausgehen, in einem gesellschaftlichen Kontext zu diskutieren. Damit

---

[1] Monsanto rækker hånden frem, Information (Dänemark) 23.–24. Oktober 1999.
[2] Ebda.

müsste man die oben angeführte Liste aber gleich nach den Insekten und Vögeln beenden. Seiner Ansicht nach würde dies eine transparentere Diskussion fördern und die Chance erhöhen, dass wissenschaftliche Argumente auch tatsächlich auf wissenschaftliche Fragen vorgebracht werden.

Das ist ein guter Rat, dem wir in diesem Buch folgen wollen, da die Hauptakteure einen gewissen Hang – und oft auch ein deutliches Interesse – haben, die verschiedenen Probleme zu vermischen. Die einen könnten einwenden, dass die Diskussion dadurch aufgespalten und der gesellschaftliche Aspekt im Zuge einer rein technologischen Bewunderung in Vergessenheit geraten würde, andere könnten dem entgegenhalten, dass so die Vorteile für die Gesellschaft durch eine simple Technologiefeindlichkeit ausgeblendet würden.

Wir wollen den Teilnehmern an dieser Diskussion – den Hauptakteuren und uns allen – den richtigen Platz zuordnen. Das heißt, die Leute zu jenem Teil der Diskussion zu Wort kommen lassen, zu dem sie von einer qualifizierten Warte aus etwas zu sagen haben und der sie über kurz oder lang selbst betreffen wird. Der Generaldirektor von Monsanto sollte in dieser Hinsicht leicht einzuordnen sein. Zu der ganzen langen Liste von Fragen jedoch sagt er: „Ich glaube, dass all diese Bedenken berechtigt sind. Die Antworten liegen nicht auf der Hand." Unserer vorgefassten Meinung nach, was wer zu sagen hätte, dürfte er eigentlich keine derartige Ansicht vertreten. Viel besser in dieses Schema passt da schon eine Aussage von ihm, die von Anfang 2000 stammt: „Wir von der Industrie können aus dieser offenkundigen Maschinenstürmerei einen gewissen Trost schöpfen. Schließlich sind wir die technischen Experten. Wir wissen, dass wir Recht haben. Die ‚Gegner' verstehen die Wissenschaft offensichtlich nicht wirklich und verfolgen genauso offenkundig einen heimlichen Kurs, vermutlich die Zerstörung des Kapitalismus."[3]

---

[3] Robert B. Shapiro, The welcome Tension of Technology: The Need for Dialogue about Agricultural Biotechnology, CEO Series Nummer

Sein Gegenspieler, der Leiter der britischen Sektion von Greenpeace, fügt sich mit seiner Bemerkung genau in das Schema: „Wenn Monsanto die Entwicklung von genetisch veränderten Nutzpflanzen und die Produktion von Pestiziden einstellt und die Absicht aufgibt, Patente auf das Leben zu erwerben, wird es Greenpeace ein Vergnügen sein, mit ihnen gemeinsam ein neues Monsanto aufzubauen."[4]

Auch Mae-Wan Ho, Autor und Lektor für Biologie an der Offenen Universität in London, lässt keinen Zweifel: „Die auf gentechnischen Verfahren basierende Biotechnologie stellt eine bislang noch nie dagewesene Allianz von schlechter Wissenschaft mit Big Business dar, die das Ende der Menschheit, wie wir sie kennen, und das Ende der ganzen Welt mit sich bringen wird."[5]

Im Sommer 1999 veröffentlichte der britische Nuffield Council eine Analyse der ethischen und sozialen Aspekte des Einsatzes von genetisch veränderten Pflanzen. In dieser Zusammenschau vertritt der Bericht eine Mittelposition: „Wir bekräftigen unsere Ansicht, dass genetisch veränderte Nutzpflanzen eine wichtige neue Technologie darstellen, die das Potenzial hat, viel Gutes in der Welt zu bewirken, vorausgesetzt, es werden geeignete Schutzmaßnahmen eingehalten bzw. ergriffen."[6]

Die aktive und die passive Seite

Ganz allgemein zeigen diese Zitate und die dahinter stehenden Leute in groben Umrissen die Standpunkte, die den Ton

---

37, Center for the Study of American Business, Washington University, St. Louis, Mo., 2000.
[4] Monsanto rækker hånden frem, Information (Dänemark) 23.–24. Oktober 1999.
[5] Mae-Wan Ho, Genetic Engineering Dream or Nightmare?: Turning the Tide on the Brave New World of Bad Science and Big Business, London, Continuum, 2000.
[6] Genetically Modified Crops: The Ethical and Social Issues, Nuffield Council on Bioethics, Nuffield Foundation, London 1999.

in der Diskussion über genetisch veränderte Nahrungsmittel in den entwickelten Ländern angeben. Die Verteilung der Fraktionen lässt sich mit der gängigen graphischen Aufteilung der Gruppen eines Parlaments vergleichen, wobei in diesem Fall die in der Diskussion von den verschiedenen Hauptakteuren vertretenen Positionen die extremen Flügel auf beiden Seiten ausmachen. Aber neben den Diskussionsteilnehmern stehen auf der einen Seite die Verbraucher, die ihrerseits Einfluss ausüben, ihre persönliche Entscheidung treffen und Kaufmuster bestimmen können, und auf der anderen Seite die Bauern und die Regierungsbehörden, die wesentlich grundlegendere Entscheidungen treffen müssen.

Irgendwo am Rand der Diskussion befinden sich die Medien, die zum einen die Diskussion kanalisieren und zum anderen durch die Art und Weise, wie und worüber sie berichten, eine meinungsbildende Funktion ausüben. Darin gibt es offensichtlich keinen Unterschied zur Behandlung vieler anderer gesellschaftlicher Themen. Hier agieren die Medien jedoch in einem Bereich, in dem eher Meinungen kolportiert als konkrete Informationen verbreitet werden. Allem Anschein nach stehlen sich die Medien jedoch allzu leicht aus ihrer Verantwortung, Informationen zu verbreiten, wofür die britische Presse das deutlichste Beispiel liefert, während die übrige europäische Presse jedoch kaum nachsteht.

Unbeeindruckt von den Fakten

Zu erwarten, dass es sich bei allem, was in Zeitungen abgedruckt wird, um harte Fakten handelt, wäre vielleicht zu viel verlangt. Aber wenn die dänische Tageszeitung *Politiken* einer Geschichte in ihrer Sonntagsausgabe[7] fast eine halbe Seite widmet, so kann man es den Lesern sicher nicht verübeln, wenn sie davon ausgehen, dass es sich tatsächlich um eine

---

[7] Gendler spredes i naturen, Politiken (Dänemark), 12. September 1999.

„sensationelle Nachricht" handelt. Aber worum geht es in dieser Geschichte? Die Schlagzeile lautet „Ausbreitung der Gene in der Natur" – in der Tat nichts Neues, erklärt sich doch so der gesamte Evolutionsprozess im Pflanzenreich. Die Schlagzeile würde wohl besser in ein Biologiebuch der siebenten Schulstufe passen.

Aber die Redakteure von *Politiken* wissen eben, wie sie eine Schlagzeile formulieren müssen, um die Aufmerksamkeit der Leser zu gewinnen. Gene sind nicht mehr bloß Gene im biologischen Sinne, nämlich Informationseinheiten, von denen jede lebende Zelle tausende enthält. In der Diskussion wurden sie zu jenen gefährlichen kleinen Dingern, mit denen Wissenschaftler und internationale Konzerne ihr schamloses Spiel treiben, in der Hoffnung, damit das große Geld zu machen. Und genau um diese Art von Genen geht es in der Schlagzeile von *Politiken*.

Ihr Wahrheitsgehalt ist ungefähr gleich groß wie der einer anderen unwiderlegbaren Tatsache, die man in einer Schlagzeile hinausposaunen könnte: „Atome im Baguette". Banal, was die physikalischen Gesetze betrifft, und eine durchaus zweifelhafte Information der Öffentlichkeit.

Aber der Bericht von *Politiken* war zufällig wirklich wichtig und aktuell, beruhte er doch auf einer echten Nachricht über eine nordische Studie, in der die Möglichkeit bestätigt wurde, dass bestimmte Arten von genetisch veränderten Pflanzen sich auch langfristig mit nicht veränderten Sorten kreuzen können, was nahe legt, dass es gute Gründe gibt, dieses Problem ernst zu nehmen.

Aber Objektivität hat ganz allgemein einen schweren Stand in der Diskussion über genetisch veränderte Nahrungsmittel. Zeitungen geben sich oft damit zufrieden, dass selbst Experten ihre Meinung zu „Gen-freien" Nahrungsmitteln oder Waren in den Raum stellen – was auch mit der besten Wissenschaft nur schwer zu erreichen ist! Damit sei nicht gesagt, dass Journalisten generell rückständig in der Diskussion der beiden Alternativen sind. Sie sprechen von „genetisch veränderten

Nutzpflanzen" im Gegensatz zu „natürlichen" Produkten. Hart arbeitende Pflanzenzüchter wehren sich zweifellos überall gegen die Vorstellung, dass Hochertragsgetreide, das in Jahren kostspieliger Forschungs- und Entwicklungsarbeit mit konventionellen Kreuzungstechniken entwickelt wurde, schlicht und einfach auf ein Werk von Mutter Natur reduziert wird!

Gleichermaßen vorschnell ist eine Feststellung der nordischen Sektion von Greenpeace. Im November 1999 war auf deren Homepage die folgende Information zu lesen: „Derzeit laufen Bemühungen, die Versorgung mit Gen-freien Sojabohnen aus den USA sicherzustellen."[8] Keine leichte Aufgabe, wenn es gilt, die Gesetze der Biologie zu beachten – aber die Botschaft ist klar.

Das „Natürliche" und das Vertraute

Um in der Diskussion zu punkten, haben die Hauptakteure zugelassen, dass derart irreführende und bedeutungsschwere Vereinfachungen der Terminologie Eingang in den allgemeinen Sprachgebrauch gefunden haben. Um die als US-Hilfssendung gedachte Lieferung von genetisch veränderten Nahrungsmitteln in den indischen Staat Orissa zu verhindern, bezeichnete eine indische Nichtregierungsorganisation (NGO) die Nahrungsmittel als „genetisch verseucht".[9] Auf einer im Oktober 1999 in Washington D.C. abgehaltenen Konferenz über Biotechnologie und Nahrungsmittel stellte die Vertreterin einer Verbraucherschutzbehörde konsequent den Begriff „genetisch veränderte" Nahrungsmittel den „natürlichen" Nahrungsmitteln gegenüber. Mehrere Teilnehmer meinten, sie solle lieber Ausdrücke wie „konventionell" und „nicht konventionell" ge-

---

[8] www.greenpeace.dk/kampagner/gen/slaget/html, Zugriff am 5. November 1999.
[9] Mira und Vandana Shiva, India's Human Guinea Pigs: Human vs. Property Rights, Science as Culture 2 (2001, Nr. 10), 59–81.

züchtet verwenden, vor allem weil es in ihrem Vortrag um die *Information* der Verbraucher ging.[10]

Nicht viel besser war ein erfahrener Forscher der königlich dänischen Universität für Landwirtschaft, als er feststellte, dass „Gen-Splicing daher einen viel unverfälschteren und natürlicheren Ansatz darstelle als die klassische Pflanzenzucht".[11]

Der Streit über den „natürlichen Ansatz" stellt eine der vielen Trennlinien in der Debatte dar. Ein Demonstrant brachte einige weitere Streitpunkte klar zum Ausdruck, als er im Sommer 1999 ein Versuchsfeld für genetisch veränderte Rüben im englischen Essex zerstörte. „Mein einziger Einwand gegen genetisch veränderte Nahrungsmittel besteht darin, dass sie gefährlich, unerwünscht und unnötig sind", meinte er.[12]

Auch in einer Ausgabe der dänischen Zeitschrift *Alternativ Magasinet* aus demselben Sommer kam die neue Technologie nicht ungeschoren davon: „Die Verwendung von genetisch veränderten Nahrungsmitteln führt zu resistenten Viren, Bakterien, Insekten und Unkraut, ruft neue Krankheiten hervor, verursacht die genetische Verunreinigung von Pflanzen- und Tierarten und macht die Landwirtschaft auf Dauer abhängig von Pestiziden und Herbiziden."[13] Dieser Satz stand am Beginn eines Artikels, der sich vom Standpunkt der ökologischen Landwirtschaft aus mit diesem Thema beschäftigte. Im weiteren Verlauf des Beitrags wird der Ton dieser etwas anmaßenden Einleitung rhetorisch gemildert. „Aber stellen genetisch veränderte Nahrungsmittel wirklich ein Problem dar?", heißt es dort.

Keineswegs. Oder zumindest dann nicht, wenn wir einen der wichtigsten Akteure in dieser Angelegenheit beim Wort nehmen, den multinationalen Konzern Monsanto: „Experten

---

[10] Persönliche Mitteilung während der Konferenz.
[11] Birger Lindberg Møller, Genteknologiens betydning for fremtidens fødevareproduktion, in: Gensplejsede fødevarer, 59, Teknologirådet, Kopenhagen 1999.
[12] Genetically Modified Food, in: The Economist, 19. Juni 1999.
[13] Ane Bodil Søgaard, Genteknologi, gensplejsede fødevarer og økologi, in: Alternativ Magasinet 37, Kopenhagen 1999.

aus den Bereichen Wissenschaft, Verwaltung, Medizin und Landwirtschaft in vielen Ländern stimmen darin überein, dass die Pflanzenbiotechnologie es ermöglichen wird, die Nahrungsmittelmenge weltweit deutlich zu steigern, während die Bauern produktiver und gleichzeitig umweltschonender arbeiten können. Als Hilfsmittel in der traditionellen Zucht wird die Pflanzenbiotechnologie dazu beitragen, den Menschen weltweit sichere, qualitativ hochwertige neue Nahrungsmittel in ausreichendem Maße zur Verfügung zu stellen."[14] Das ist doch eine definitive Aussage, die keinen Zweifel offen lässt.

Der Risikoaspekt

Vom gesundheitlichen Standpunkt aus stellen genetisch veränderte Nahrungsmittel für Prinz Charles, den Prinzen von Wales, kein Problem dar. Er hat klipp und klar festgestellt, dass er „nie Nahrungsmittel aus genetisch veränderten Organismen essen würde"[15] – eine sehr summarische Aussage, die er vielleicht rückgängig machen wird müssen, wenn an dem beispielsweise von einem Forscher vorgebrachten Gegenargument etwas dran sein sollte: „Es besteht ein breiter wissenschaftlicher Konsens darüber, dass die modernen gentechnischen Verfahren im Wesentlichen eine Verfeinerung jener Formen der genetischen Veränderung darstellen, die schon lange zur Verbesserung von Pflanzen, Mikroorganismen und Tieren für Nahrungszwecke verwendet werden. Die Produkte der neueren Verfahren sind sogar vorhersagbarer und sicherer als die genetisch erzeugten Nahrungsmittel, die lange Zeit hindurch den Nährwert unsere Nahrung erhöht haben."[16] Der „breite

---

[14] Global Harvest: Biotechnology and Imported Food, Monsanto, Frühling 1999.
[15] Richard Braun (Biolink), The public perception of biotechnology in Europe between acceptance and hysteria, Konferenzbeitrag, August 1999.
[16] Henry Miller (Stanford University), in: Financial Times, 17. Juni 1999.

Konsens" wird von zahlreichen ähnlichen Aussagen anderer Forscher untermauert, die Diskussion wurde dadurch aber nicht beendet.

Argumente zu den damit verbundenen Risiken können den Dialog jedoch fast mühelos zu einem Stillstand bringen. Auf einer „Konsenskonferenz" in Kopenhagen machte ein Vertreter von „Friends of the Earth" kein Hehl daraus, dass es ihm nicht darum ging, zu einem Konsens zu kommen. Er sprach sich entschieden gegen eine gentechnische Nahrungsmittelproduktion aus und hielt diese für einen Rückschritt. „Die Haltung von ‚Friends of the Earth' ist ideologisch bestimmt und kann daher nicht in Frage gestellt werden, auch wenn 20 wissenschaftliche Berichte auf dem Tisch lägen, die allesamt die revolutionären Vorteile der gentechnischen Nahrungsmittelproduktion loben würden", sagte er.[17]

Und die Argumentation macht jeden Anflug von Ungewissheit zunichte. Zum Beispiel: „Es ist *äußerst wahrscheinlich* [kursiv von den Autoren], dass es innerhalb gewisser heute angebauter gentechnisch veränderter Nutzpflanzen zu einem ‚genetischen Aufruhr' kommen wird, der nachteilige – wenn auch nicht unmittelbar messbare – Auswirkungen auf die Gesundheit oder die Umwelt haben könnte. Die Zukunft kann uns durchaus ein solches Beispiel bescheren ..."

Einwände gegenüber den damit verbundenen Risiken sind oft hypothetisch, weil es sogar nach langen Jahren der Feldversuche und der Produktion keinen Beweis für Schäden an der Gesundheit oder der Umwelt gibt ... Zwei Begebenheiten aus den Jahren 1998 und 1999 werden in der Diskussion immer wieder zitiert: In dem einen Fall wurde in Schottland ein für Ratten vermutlich schädlicher Pflanzengiftstoff in gentechnisch veränderte Kartoffeln eingeführt; in dem anderen Fall wurde behauptet, dass eine in Mais eingebrachte insektizidische

---

[17] Bo Normander (NOAH-Genteknologi), Genteknologi, miljø og videnskabelige gisninger, in: Gensplejsede fødevarer, Teknologirådet, Kopenhagen 1999.

Wirkung Schmetterlingsraupen töten würde. Bei einer näheren Untersuchung der betreffenden Versuche hat man jedoch schon vor langer Zeit festgestellt, dass aus keinem der beiden Fälle berechtigterweise Rückschlüsse gezogen werden können. Diese Studien beweisen nur eines: Forschung, die darauf abzielt, Schaden anzurichten, wird genau das erreichen.

Alarmierend in beiden Fällen hingegen ist die Tatsache, dass zwei der führenden internationalen wissenschaftlichen Zeitschriften, *Nature* und *Science*, diese sensationsheischenden Beiträge abdruckten. Und das sogar nachdem die jeweiligen Expertengremien der beiden Zeitschriften bei ihrer gewohnten wissenschaftlichen Rezension die wissenschaftliche Qualität des Forschungsmaterials kritisiert hatten. Sogar wissenschaftliche Zeitschriften scheinen demnach vor Schlagzeilen und Sensationsjournalismus nicht gefeit. Derartige Vorfälle führen zu einer Frustration in Forscherkreisen. Ein Kommentator nennt diese Artikel „wissenschaftliche Handgranaten".[18] Sie werden gehört und richten großen Schaden an.

Einigkeit darüber, dass Vorsicht geboten ist und Kontrollsysteme notwendig sind, zieht sich indes durch die gesamte Diskussion. Zumindest bis zu einem gewissen Grad. Eine in der Diskussion immer wiederkehrende Forderung lautet: „Wir brauchen mehr Information, bevor wir eine Entscheidung treffen können." Angesichts dieser Feststellung erscheint es gelinde gesagt eigenartig, wenn der harte Kern der Gentechnikgegner fordert, die Versuchsfelder zu zerstören und damit das Sammeln eben jener Informationen zu verhindern, von denen sie behaupten, dass sie notwendig seien.

In einem ausführlichen internationalen wissenschaftlichen Bericht, der im Oktober 1999 von der Beratungsgruppe für internationale landwirtschaftliche Forschung (CGIAR) veröffentlicht wurde, wird den Diskussionsteilnehmern geraten: „Am dringendsten erforderlich ist gute Information. Es han-

---

[18] John E. Foster, Scientific Hand Grenades, in: National Post (Kanada), 8. Oktober 1999.

delt sich um komplexe Probleme, die nicht über Floskeln, Slogans und geschickte Werbung diskutiert werden können. Die Berichte und Analysen über gentechnisch veränderte Organismen gehen auf beiden Seiten mehrheitlich nicht mit der entsprechenden technischen Information einher."[19]
Der Bericht schlägt dann die Brücke zu einem weiteren Element der Gendiskussion – den Konsequenzen für die Entwicklungsländer: „Solange Öffentlichkeit und Berichterstatter in den Ländern des Nordens nicht besser informiert sind, sollte man sich bei Ratschlägen an andere Länder zurückhalten. Auf unzureichender Information beruhende Argumentation zwischen Verfechtern der Hochleistungswissenschaft und jenen, die für geringe Investitionen eintreten, tragen nur wenig dazu bei, die Entwicklung verantwortungsvoller Maßnahmen im Süden zu fördern."

Die Sicht der Dritten Welt

Die Nord-Süd-Dimension ist das Schlachtfeld, wo die wirklich schweren Geschütze aufgefahren werden. Eine private englische Organisation gibt den Anstoß mit der rhetorischen Frage: „Kommen nun genetisch veränderte Nutzpflanzen als nächste an die Reihe, um als unangemessene Produkte an die armen Länder verhökert zu werden?"[20] Diese Organisation lässt keinen Zweifel daran, dass „genetisch veränderte Nutzpflanzen irrelevant dafür sind, dem Hunger ein Ende zu setzen". Und von den multinationalen Konzernen erwartet man kein hohes Maß an Integrität. Ihnen wird vorgeworfen, in dem Kampf um Kunden in den ländlichen Gebieten der Dritten Welt vor nichts Halt zu machen und zu Tricks wie „kostenlose Saatgut-

---

[19] Robert Tripp, The Debate on Genetically Modified Organisms, in: J. I. Cohen (Hg.), Managing Agricultural Biotechnology, Agbiotech-Net (http://agbio.cabweb.org/books/indexes/Cohen.htm), 1999.
[20] Selling Suicide, bei: www.christian-aid.org/uk/reports/suicide/summary, 23. September 1999.

versuche, Tage der offenen Tür [auf den Versuchsfeldern], trügerische Werbeaktionen, Golfturniere und Kredite zu greifen".[21] Es drängt sich uns das Bild von indischen Kleinbauern in ihren zerschlissenen Lendenschurzen (*dhotis*) und Baumwollwesten beim 11. Loch auf dem Green auf. Vermutlich werden sie ein beträchtliches Handicap haben, bedenkt man, dass sie wahrscheinlich noch nie zuvor einen Golfschläger gesehen haben.

Angesichts einer solchen Rhetorik kann man gut verstehen, warum der Direktor des kenianischen Instituts für landwirtschaftliche Forschung dankend auf solche Verbündete verzichtet. „Die derzeit laufende, vor allem von Europa ausgehende Diskussion über die wirklichen und erkennbaren Gefahren der Biotechnologie in Afrika kann den Eindruck erwecken, als ziele sie darauf ab, in der Öffentlichkeit Angst, Misstrauen und allgemeine Verwirrung zu stiften; sie hat es verabsäumt, die Meinungen und Ansichten von politischen Entscheidungsträgern und Unparteiischen in Afrika einzuholen", meint er.[22]

Aber im Hinblick auf den Zugang der Entwicklungsländer zu genetisch veränderten Nutzpflanzen und deren Anbau gilt es natürlich, sich einige ernsthafte Fragen zu stellen. Ein indischer Pionier im Bereich der Agrarforschung in der Dritten Welt sieht in der neuen Technologie eine viel versprechende Möglichkeit. Bei einem Vortrag, den er im Herbst 1999 hielt, rief er jedoch zur Zurückhaltung auf: „Es kann noch einige weitere Jahrzehnte dauern, bis wir die mit genetisch veränderten Nahrungsmitteln einhergehenden Vorteile und Risiken wirklich zur Gänze verstehen. Wir wären gut beraten, in Bereichen, die mit der menschlichen Gesundheit und der Sicherheit der Umwelt zusammenhängen, das Vorsichtsprinzip walten zu

---

[21] Ebda.
[22] Cyrus G. Ndiritu, Biotechnology in Africa: Why the Controversy?, in: Agricultural Biotechnology and the Poor, G. J. Persley und M. M. Lantin (Hgg.), CGIAR, Washington, D. C., 2000.

lassen."²³ Er schließt seine Ausführungen mit der Erinnerung an Ghandis Sorge um die Armen und sagt in Anbetracht dessen: „Wenn die biotechnologische Forschung unter Berücksichtigung der von Ghandi aufgestellten Richtlinien vorangetrieben werden kann, wird sie zu einem mächtigen Werkzeug bei der Sicherung einer nachhaltigen Nahrungssicherheit in der Welt werden."

Derzeit läuft ein Dialog zwischen Entscheidungsträgern in der Forschung, Politikern und den Medien in der Dritten Welt und man spürt einen gewissen Überdruss angesichts der bevormundenden Einmischung vieler Lager in der entwickelten Welt. Kein Blatt vor den Mund nimmt sich das asiatische *Wall Street Journal* in einem Artikel mit der Schlagzeile „Öko-Aktivisten an die Armen: Lasst sie Kuchen essen" – eine Anspielung an die arglose Bemerkung der französischen Königin Marie Antoinette, als sie zu ihrem Erstaunen entdeckte, dass das Proletariat kein Brot hatte. Der Artikel wendet sich von allem an britische NGOs, die „alles in ihrer Macht Stehende tun, dem Rest der Welt, wo die Bedürfnisse und die Vorteile groß wären, die neue Biotechnologie vorzuenthalten. Diese Aktivisten bewegen sich auf einem sehr dünnen ethischen Eis. Sie setzen nicht nur auf Emotionen, Angst und Einschüchterung, um den europäischen Bauern die Freiheit zu nehmen, konkurrenzfähige landwirtschaftliche Praktiken anzuwenden, sondern exportieren ihre Paranoia auch in jene Entwicklungsländer, die der Vorteile von genetisch veränderten Nutzpflanzen am meisten bedürfen."²⁴

Frances Smith, Vorstandsdirektor von Consumer Alert und Koordinator von International Consumers for Civil Society, war

---

[23] M. S. Swaminathan (Swaminathan Foundation, Indien): Genetic Engineering and Food, Ecological and Livelihood Security in Predominantly Agricultural Developing Countries, in: J. I. Cohen (Hg.), Managing Agricultural Biotechnology, AgbiotechNet (http://agbio.cabweb.org/books/indexes/Cohen.htm), 1999.

[24] T. Michael Wilson: Eco-Activists to the Poor: Let them eat cake, in: The Asian Wall Street Journal, September 1999.

in einem erst kürzlich vom National Legal Center for the Public Interest, einer in Washington D. C. beheimateten NGO, veröffentlichten Bericht nicht weniger deutlich: „Angehörige der Eliten in den entwickelten Ländern, mit ihren vollen Bäuchen, einer gigantischen Auswahl von Nahrungsmitteln und den finanziellen Mitteln, sich exotische Genüsse zu leisten, können den heute mit Hilfe der Biotechnologie erzeugten landwirtschaftlichen Produkten nur wenig abgewinnen."[25] John Wafula, Wissenschaftler am kenianischen Agrarforschungsinstitut, weist darauf hin, wie anders sich die Situation in Afrika darstellt. „Die Entwicklung und Anwendung der Biotechnologie muss im Kontext der dringendsten Bedürfnisse Afrikas gesehen werden – Nahrungsmittelproduktion und Überleben. Der Einsatz von ertragreichen, krankheits- und schädlingsresistenten Nutzpflanzen hätte eine direkte Auswirkung auf eine verbesserte Nahrungssicherheit, eine Linderung der Armut und auf den Umweltschutz in Afrika", meint er.[26]

Aber auch Wortführer dänischer NGOs erheben ihre Stimme in der Diskussion über die Situation in den Entwicklungsländern und die ihnen offen stehenden Möglichkeiten. „Es wird behauptet, dass genetisch veränderte Pflanzen aufgrund ihrer Resistenz gegenüber Dürre, Kälte und Schädlingen sowie aufgrund ihrer höheren Erträge ein Mittel zur Lösung des Ernährungsproblems in den armen Ländern der Welt seien. Das Gegenargument lautet, dass dies auch die ökologische Landwirtschaft tue, und zwar mit Hilfe von Anbaumethoden, die in der Dritten Welt bekannt waren, jedoch durch die von uns diesen Ländern aufgezwungene industrialisierte Kultur weit-

---

[25] Frances B. Smith, The Biosafety Protocol: The Real Losers Are Developing Countries, National Legal Center for the Public Interest, Washington, D. C., 2000.
[26] John Wafula (Kenya Agricultural Research Institute), in: Local scientists snub the West in biotech war, in: Daily Nation (Kenia), 21. Oktober 1999.

gehend ausgelöscht wurden. Diese Entwicklung muss umgekehrt werden."[27]

Nun, das ist sicherlich ein Standpunkt, und zwar einer mit einer gewissen ethischen Basis in der Sorge um die Entwicklungsländer.

Die Leiterin eines landwirtschaftlichen Forschungsprogramms in Südafrika kannte dieses dänische Zitat zwar nicht, hatte aber ein ähnliches Argument im Kopf, als sie auf einer kürzlich abgehaltenen Konferenz bedauerte: „Ethische Fragen rund um die Biotechnologie, einschließlich Konsumenten- und Umweltthemen, sind weitgehend eine Sorge der Industrieländer."[28]

Der nigerianische Landwirtschaftsminister war noch deutlicher, als er seine Meinung in einem Beitrag der *Washington Post* äußerte: „Die landwirtschaftliche Biotechnologie weckt große Hoffnungen für Afrika und andere Gebiete der Welt, wo Begleitumstände wie Armut und schlechte Wachstumsbedingungen den Ackerbau erschweren ... Den verzweifelten, hungernden Menschen die Mittel vorzuenthalten, ihre Zukunft selbst in die Hand zu nehmen, indem man vorgibt zu wissen, was das Beste für sie ist, heißt nicht nur, sie zu bevormunden, sondern auch moralisch falsch zu handeln."[29]

Aber, wie zu erwarten, gibt es auch innerhalb der Entwicklungsländer unterschiedliche Meinungen. Eine indische NGO warf den USA vor, die Opfer eines Wirbelsturms im indischen Staat Orissa „als Versuchskaninchen für gentechnisch veränderte Produkte" zu verwenden, als man ihnen gentechnisch veränderte Hilfsgüter schickte. Angesichts der Tatsache, dass 50 bis 70 Prozent der in amerikanischen Supermärkten und Lebensmittelgeschäften angebotenen Nahrungsmittel gen-

---

[27] Claus Heinberg, Om modspil eller samspil mellem natur og mennesker, in: Gensplejsede fødevarer, Teknologirådet, Kopenhagen 1999.
[28] Bongiwe Njobe-Mbuli (Südafrika), Biotechnology for Innovation and Development, in: Berichte einer internationalen Konferenz, 21.–22. Oktober 1999, CGIAR, Washington, D. C., 2000.
[29] Hassan Adamu, We'll Feed Our People As We See Fit, Washington Post, 11. September 2000.

technisch verändert sind, dürfte es wohl genügend „Versuchskaninchen" in den USA selbst geben.[30] Es fällt auch schwer zu glauben, dass die beiden NGOs – CARE und Catholic Relief Service –, über welche die Lebensmittelhilfe abgewickelt wurde und die allgemein für ihre effiziente Unterstützung der Armen in den Entwicklungsländern bekannt sind, sich an derart krummen Geschäften beteiligen würden. Wie bei jeder Gruppierung mit Mitgliedern aus verschiedenen Gesellschaftsbereichen haben die NGOs unterschiedliche Einstellungen gegenüber genetisch veränderten Lebensmitteln für die Entwicklungsländer.

Diese Diskussion im Namen der Dritten Welt könnte ein Schlüsselfaktor in dem Kampf um Stimmen in der Gentechnikdiskussion sein, berührt sie doch einen Punkt, der zentral für die ethische Diskussion ist: die *Nützlichkeit* (manch einer könnte sagen, die mögliche Nützlichkeit) dieser neuen technologischen Möglichkeiten, verglichen mit den Konsequenzen bei einer Nichtausnützung dieser Möglichkeiten.

Aber die Berichterstattung in den Medien hat diesen Punkt nicht deutlich genug herausgestrichen, ein neues dänisches Buch zu diesem Thema bedauert auch die schwierige Lage der Forscher: „Aber das vielleicht größte Hindernis für jede umfassendere Akzeptanz der Gentechnik in Bezug auf Nahrungsmittel liegt darin, dass die bislang erzeugten Produkte fantasielos und unintelligent waren. Wenn herbizidresistente Gemüsesorten oder übergroße, mit Hormonen voll gepumpte Rinder das einzig interessante Ergebnis der Gentechnologie auf dem Lebensmittelsektor sind, dann kann man – berechtigterweise – argumentieren, dass wir gut ohne diese auskommen können ... In diesem Fall gibt es um so mehr Gründe, sich nach weiter blickenden Anwendungen der Gentechnologie in diesem Bereich umzusehen ..., denn diese werden für das Leben der Menschen aller Wahrscheinlichkeit nach eine ebenso

---

[30] Mira und Vandana Shiva, India's Human Guinea Pigs: Human vs. Property Rights, Science as Culture 2 (2001, Nr. 10), 59–81.

entscheidende – wenn nicht sogar noch entscheidendere – Rolle spielen wie lebenswichtige Medikamente."[31]

Der Nützlichkeitsfaktor wird von vielen in engem Zusammenhang mit den Profitmotiven der großen Unternehmen und den Gewinnmöglichkeiten in der industrialisierten Landwirtschaft gesehen. Behauptungen über den eventuellen Nutzen für die Entwicklungsländer werden von manchen als Schönfärberei abgetan. Ein in der Diskussion häufig vertretener typischer Standpunkt lautet: „Und abgesehen davon ist das Problem der Nahrungsmittelversorgung keine Frage der Produktivität, sondern eine Frage der Verteilung – nicht wahr?"[32]

Vom kenianischen Gesichtspunkt aus erscheint die Situation nicht ganz so einfach. Dazu Cyrus Ndiritu: „Die Ansicht, es handle sich auf globaler Ebene nicht um ein Problem der unzureichenden Nahrungsproduktion, sondern um ein Verteilungsproblem, ist statistisch gesehen zwar richtig, jedoch nichtssagend und in höchstem Maße irreführend. Dadurch wird suggeriert, dass eine Neuverteilung der statistischen Nahrungsmittelproduktion eine Lösung für den Nahrungsmittelmangel darstellte, und der Notwendigkeit einer Produktionssteigerung in Gebieten wie etwa Afrika lediglich eine untergeordnete Rolle zugeschrieben."[33] Genauso gut könnte man argumentieren, dass es in der Welt genug Einkommen gibt; es handle sich dabei lediglich um eine Frage der Verteilung. Daher müsse man den Armen nicht helfen, mehr zu verdienen.

Abhängigkeit

Eine gewichtige Sorge, die von vielen Diskussionsteilnehmern geäußert wird, betrifft das Eigentumsrecht an der neuen Tech-

---

[31] Ole Terney (Hg.), Genteknologi og verdens fødevareforsyning, Rhodos, Kopenhagen 1999.
[32] Søren Kolstrup, Kan generne trækkes tilbage?, Information (Dänemark), 8. November 1999.
[33] Cyrus G. Ndiritu, Biotechnology in Africa: Why the Controversy?

nologie, da ein entscheidender und wichtiger Teil der gesamten Methodik und der Endprodukte in den Händen einer relativ kleinen Gruppe multinationaler Konzerne liegt. Es wurden bereits Patente angemeldet, die der Forschung und der weiteren Entwicklung durch die öffentliche Hand den Weg versperren könnten. Durch derartige Patente wäre es auch möglich, den Bauern zu verbieten, Saatgut für die Aussaat im nächsten Jahr beiseite zu legen.

Patente privater Unternehmen für Katalysatoren, Gensequenzen und andere Inputs im Forschungsprozess würden der öffentlichen Forschung die Verbreitung von Forschungserkenntnissen und Technologien als Hilfe für die Armen deutlich erschweren, auch wenn die Anmeldung eigener Patente durch öffentliche Einrichtungen, mit denen dann ein „Tauschhandel" betrieben werden kann, einen gewissen Schutz bietet. Aber es erfordert ein hohes Maß an gutem Willen seitens der privaten Unternehmen, den Kleinbauern in der Dritten Welt die Technologie kostenlos zugänglich zu machen, obwohl es durchaus Beispiele für diesen guten Willen bei einigen Waren und Gebieten gibt, die lediglich von geringem Interesse für die großen Unternehmen sind, da sie nur einen kleinen Markt darstellen.

Die herrschende negative Einstellung gegenüber den großen multinationalen Konzernen hat diese für derartige Verhandlungen zugänglicher gemacht. Im Zusammenhang mit der Landwirtschaft in der entwickelten Welt werden Patente auf Saatgut leichter akzeptiert, da die Bauern hier ja üblicherweise jedes Jahr neues Saatgut kaufen. Bei den Kleinbauern in den Entwicklungsländern hingegen ist die Situation ganz anders: Sie behalten üblicherweise ihr eigenes Saatgut von der letzten Ernte zurück.

Darwin kontra Gott

Der dänische Autor und Professor Per Aage Brandt hat aus beruflichen Gründen großes Interesse an der Diskussion über

Biotechnologie und kann nachvollziehen, dass es den gegnerischen Seiten schwer fällt, miteinander zu reden. Wie er es ausdrückt, „sprechen sie schlicht vom Standpunkt unterschiedlicher Weltsichten".[34] Während die Wissenschaftler glauben, auf eine Zukunft hinzuarbeiten, die, wie im Märchen, einen glücklichen Ausgang hat, entfaltet sich vor den Augen ihrer Gegner eine Geschichte voll Verhängnis und Katastrophen. Es kämpft die biblische Schöpfungsgeschichte gegen die Evolutionsgeschichte, die vom Ursprung über die Entwicklung bis hin zum Artensterben führt.

Und wenn man, bewusst oder unbewusst, den „natürlichen" Zustand als gottgegeben und sakrosankt betrachtet, wird man ein Eingreifen und eine Neuordnung der Bausteine im Genpool über die bestehenden Spezies hinweg selbstverständlich verwerfen – auch wenn die Spezies *per se* eine etwas willkürliche Art sind, die Natur zu katalogisieren.

Wissenschaftler dürften oft das Gefühl haben, ungerecht verfolgt zu werden, weil sie die Gene eines Organismus mit gutem Grund für identisch mit den Genen eines anderen Organismus erachten, als Bausteine im wahrsten Sinn des Wortes, die auf jede technologisch zweckmäßig erscheinende Art und Weise zusammengefügt werden können.

Damit kommen wir wieder auf eine grundlegende Frage zurück. Worüber wir hier sprechen, sind schließlich Nahrungsmittel – Lebensmittel. Würden die Menschen in den reichen Ländern der Welt danach gefragt, ob sie im Großen und Ganzen eher Darwins Ansicht über das Funktionieren der Welt oder der Bibel zustimmen, hätten die meisten kaum Zweifel. Aber wenn es um das Leben auf der Ebene der Zelle geht, finden sie nicht so rasch eine Antwort. Interessanterweise hat die katholische Kirche erklärt, kein Problem mit genetisch veränderten

---

[34] Génmad – en katastrofefortælling, Jyllands-Posten (Dänemark), 13. Januar 2000.

Pflanzen zu haben, solange ein verantwortungsvoller Umgang sichergestellt ist.[35]

Wir wollen das letzte Wort in der Diskussion einem Wissenschaftler überlassen, der viele Jahre lang daran gearbeitet hat, eine bessere Knollenpflanze – Maniok – für die afrikanische Landwirtschaft zu entwickeln. Er warnt davor, die Weiterentwicklung der Gentechnik zu behindern, die ein so enormes Potenzial für den entscheidenden Durchbruch bei dieser bescheidenen Gemüsepflanze in sich birgt. Er gemahnt uns, dass die Entscheidung gegen das Eingehen eines Risikos ethisch nicht immer richtig sein muss, „denn es liegt auch ein Risiko darin, immer Nein zu sagen!"[36]

Wir hoffen, das vorliegende Buch möge dazu beitragen, mehr Menschen davon zu überzeugen, diesem guten Rat zu folgen und ein allzu rasches und leichtfertiges Nein noch einmal zu überdenken!

---

[35] John Tavis, Vatican Experts OK Plant, Animal Genetic Engineering, St. Louis Review, 22. Oktober 1999.
[36] Birger Lindberg Møller, Genteknologiens betydning for fremtidens fødevareproduktion, in: Gensplejsede fødevarer, Teknologirådet, Kopenhagen 1999.

Zweites Kapitel

Landwirtschaftliche Forschung – eine Veränderung im Leben der Menschen

Der englische Geistliche Thomas Malthus war einer der berühmtesten Untergangspropheten der Geschichte. Im späten 18. Jahrhundert stellte er die kühne Behauptung auf, das Bevölkerungswachstum würde in nicht allzu ferner Zukunft zu weit verbreiteten Hungersnöten führen, da die Bauern nicht in der Lage wären, für alle Menschen genügend Nahrung zu produzieren. Massenhaftes Verhungern hätte eine schreckliche – jedoch notwendige – Bevölkerungsverringerung zur Folge, sodass sich wieder ein neues Gleichgewicht zwischen Bevölkerungsanzahl und vorhandener Nahrung einpendeln könnte. Eine Wiederholung derartiger Zyklen sei in regelmäßigen Abständen zu erwarten.

Damals war es nur logisch, dass ein Gelehrter zu einer derartigen Schlussfolgerung kam. So weit die Erinnerung zurückreichte, war der Bodenertrag pro Hektar mehr oder weniger unverändert geblieben, zudem gab es in seinen Breiten kaum mehr jungfräulichen Boden, der urbar gemacht werden konnte. Noch war ein Transport von Nahrung über weite Strecken durchführbar. Daher schien Malthus' düstere Logik durchaus vernünftig und zeigte damals – ja sogar heute noch – starke Wirkung.

Wenn das Bevölkerungswachstum auch mäßig sein mochte, schien es dennoch groß genug zu sein, um es als dynamischen Faktor in Zukunftsvorhersagen aufzunehmen. Die Getreideerträge der in der Landwirtschaft Tätigen stiegen zwar, jedoch äußerst langsam – die Wachstumsrate betrug jährlich weniger als ein Zehntel Prozent. Die Nahrungsproduktion wurde daher als statischer Faktor angenommen und ein Zusammenprall als unausweichlich angesehen.

Hätte Malthus nicht nur in die Zukunft, sondern auch weit in die Vergangenheit geblickt, wäre er vielleicht nicht ganz so pessimistisch gewesen. Schätzungen besagen, dass der durchschnittliche Weizenertrag in Großbritannien von 500 – 700 kg pro Hektar im Mittelalter auf 1,68 Tonnen pro Hektar im Jahr 1850 angestiegen war.[1] Die Situation hatte sich zu Malthus' Zeit im Vergleich zu den Tagen seines Vaters oder Großvaters gewiss verbessert. Bis ins frühe 20. Jahrhundert trat indessen keine einschneidende Veränderung ein, um den Pessimismus zu dämpfen. Dann begannen die Fruchterträge stetig anzusteigen, bis sie schließlich sprunghaft zunahmen. Die Landwirtschaft war Teil der modernen Gesellschaft geworden, Wissenschaft und Technik hatten nun eine Schlüsselrolle übernommen.

Der Faktor Wissenschaft verändert den Status quo

Eigentlich war schon ziemlich viel in der Landwirtschaft erreicht worden, und zwar bevor Wissenschaftler und Techniker die Bühne betraten. Zu allen Zeiten waren den Bauern überall die ertragreichsten Nutzpflanzen ins Auge gesprungen. Sie veränderten ihre Arbeitsmethoden, bekämpften Unkraut, verteilten den Dung ihrer Haustiere auf den Feldern, ließen regelmäßig Teile ihres Boden brach liegen und führten den Fruchtwechsel ein, um eine ungleiche Ausbeutung des Bodens zu vermeiden. Ebenso wichtig war, dass sie sorgfältig die Samen der widerstandskräftigsten Pflanzen für die Aussaat im Folgejahr beiseite legten. Auf jedem Feld kommen durchschnittliche, schwache und widerstandsfähige Pflanzen auf natürliche

---

[1] Donald L. Plucknett, Science and Agricultural Transformation, International Food Policy Research Institute Lecture Series 1, IFPRI, Washington, D. C., 1993.

Weise vor, nur ein schlechter Bauer – oder eine außerordentlich schlechte Ernte – konnte die Aussaat von zweitklassigem Saatgut zur Folge haben. Dieselben Grundsätze galten für die Viehhaltung: die besten Tiere wurden gekreuzt; dies führte im Laufe der Zeit nicht nur zu widerstandskräftigeren und ertragreicheren Einzelzüchtungen, sondern auch zu völlig neuen Rassen.

Die über viele Generationen währenden unermüdlichen Anstrengungen der Bauern ergaben Pflanzen- und Tierrassen, die heute unter dem Namen Landrassen bekannt sind. Während diese in unseren Regionen praktisch verschwunden sind, spielen sie bei vielen Bauern in der Dritten Welt noch eine lebenswichtige Rolle.

Durch die umfangreiche Forschungstätigkeit erreichte die landwirtschaftliche Produktion ein Niveau, das im krassen Gegensatz zu dem fast statischen Muster stand, das weltweit jahrhundertelang gegolten hatte. Eine höhere Allgemeinbildung der Bauern und eine bessere fachliche Qualifikation auf landwirtschaftlichem Gebiet waren wichtige Vorraussetzungen für die Implementierung und Konsolidierung der neu erworbenen Kenntnisse. Verbesserte Bodenbearbeitung, Unkrautbekämpfung, Schädlings- und Krankheitsbekämpfung sowie der Einsatz von Düngemitteln und Bewässerung, falls erforderlich, förderte die bestmögliche Entwicklung der Pflanzen.

Einen entscheidenden Stellenwert nahm zudem die Verbreitung von ertragreicheren Pflanzen ein. Versuchsanstalten und Samenzüchter waren hier am Werk, die die zuvor bedauerlicherweise in Vergessenheit geratenen Vererbungsgesetze des österreichischen Mönchs Gregor Mendel von 1866 wieder entdeckten. Ausgehend von der Mendelschen Lehre gelangten sie durch systematische Kreuzung zu neuen Hybridsorten, wobei sie jene Pflanzen auswählten, die eine Kombination der besten Eigenschaften der Eltern aufwiesen.

Die im vergangenen Jahrhundert auf dem Gebiet der Landwirtschaft erreichten Fortschritte haben ihre Entsprechung auf dem Gesundheitssektor: bessere Hygiene und Pflege führten zu bedeutenden Veränderungen. Die Entdeckung neuer Medikamente und die Entwicklung der modernen Medizintechnik zeitigten greifbare Ergebnisse, die einen raschen Anstieg der Lebenserwartung zur Folge hatten. Dieser starke Bevölkerungsanstieg bewirkte eine stärkere Notwendigkeit nach mehr Nahrung und damit nach einer produktiveren Landwirtschaft.

Seit Beginn des 20. Jahrhunderts ist ein ebensolcher Aufwärtstrend beim Gleichgewicht zwischen verbesserten landwirtschaftlichen Methoden und widerstandskräftigeren Arten zu verzeichnen. Anfangs führten die neuen Sorten nicht zu großen Veränderungen, die Erträge *stiegen*, wenn auch nicht rasant, der Grund lag vor allem in den stark verbesserten Wachstumsbedingungen. In England stieg der durchschnittliche Weizenertrag zwischen 1901 (damals war er nicht höher als 50 Jahre zuvor) und 1913 um etwa 28 Prozent. Die dramatischste Veränderung fand jedoch in den folgenden 80 Jahren statt, als die Erträge um mehr als das Dreifache anstiegen, bis sie 1990 fast 7 Tonnen pro Hektar erreichten. In Irland wurde mit 8,2 Tonnen pro Hektar eine noch eindrucksvollere Steigerung erreicht.[2]

Dieses Muster wiederholte sich bei vielen anderen Nutzpflanzen in vielen Ländern nicht nur der entwickelten Welt, sondern auch in Asien und Lateinamerika. Nach Jahrhunderten mit lediglich geringer Steigerung, stiegen die Ertragszuwächse rasch an, um plötzlich exponentielle Größenordnungen zu erreichen. Überall gilt die gleiche Erklärung: durch die systematischen Erkenntnisse über optimale Bewirtschaftungsbedingungen verbessern die Bauern zunächst ihre Bearbeitungsmethoden. Dies hat den ersten Anstieg der Kurve zur Folge. Dann wirken sich die neuen Arten aus und dies hat ein Hinaufschnellen der Ertragszahlen zur Folge, das vielerorts noch anhält.

---

[2] Ebda.

Düsterer Ausblick für die Entwicklungsländer

Seit Malthus seine Gedanken zum ersten Mal geäußert hatte und in all den Jahren danach hatten er oder vielmehr seine Anhänger – die so genannten Neomalthusianer – guten Grund zu der Annahme, dass seine Vorhersagen sich bewahrheiten würden. Immer wieder wurden nach Missernten oder Schädlingsbefall bestimmte Gebiete der Welt von Hungersnöten heimgesucht. Ein berühmtes, zu Herzen gehendes Beispiel sind die massiven Kartoffelmissernten in Irland Mitte des 19. Jahrhunderts, als eine weit verbreitete Hungersnot ganze Landesteile entvölkerte und zur Massenauswanderung – oder vielleicht besser gesagt zur Flucht in eine bessere Welt – vor allem in die Vereinigten Staaten führte.

In den dicht besiedelten Entwicklungsländern hing in den Wochen vor der Ernte das Leben Vieler an einem seidenen Faden. Bis vor kurzem erlebten China und der indische Subkontinent schreckliche Hungersnöte, wenn es zu Missernten kam, deren Ausmaß oft erst bekannt wurde, als die Opfer schon längst tot und begraben waren. In vielen Teilen der Welt war eine große Zahl von Menschen dauerhaft unterernährt, sodass sie wie KZ-Häftlinge aussahen.

In den bevölkerungsreichen Ländern Asiens schien Malthus' Vision in den Jahren nach dem Zweiten Weltkrieg Wirklichkeit zu werden. Die Bevölkerung nahm zu, während die Landwirtschaft gleichzeitig noch auf traditionelle, nicht sehr produktive Weise betrieben wurde. Das gleichzeitige Wachstum in der Landwirtschaft in der entwickelten Welt hatte bewiesen, dass es nun möglich war, einen dynamischen Bevölkerungsanstieg durch eine dynamische Steigerung der landwirtschaftlichen Erträge wettzumachen. Im Prinzip zumindest.

Da die Bearbeitungsmethoden und die wissenschaftlichen Erfolge von einem Ort zum anderen einander lediglich „im Prinzip" gleichen, müssen die Erkenntnisse den Bedingungen und Erfordernissen der unterschiedlichen Regionen angepasst werden. Um die Bedrohung durch Hungersnöte in Asien zu vermindern, ging es darum, traditionelle Nutzpflanzen der entwickelten Länder – insbesondere Weizen – zu adaptieren, gleichzeitig mussten jedoch auch neue Anbaumethoden ganz anderer Arten – vor allem Reis – entwickelt werden. Boden wie Klima boten völlig andere Voraussetzungen als in den entwickelten Ländern, die Wahrscheinlichkeit, dass Wissenschaftler und Multiplikatoren ihre Erkenntnisse einer gut ausgebildeten Bauernschaft vermitteln konnten, war äußerst gering.

Zudem war keine Zeit zu verlieren. Anfang der 1960er-Jahre entsprach der Weizenertrag in Indien und China dem europäischen Niveau während des Mittelalters – 600–800 kg pro Hektar. Auch wenn die Erträge bei Reis höher lagen, glich das Muster mehr oder weniger der althergebrachten europäischen Landwirtschaft, mit geringer oder keiner Steigerung der jährlichen Erträge. Aber auch in Asien führte die schrittweise Einführung moderner Gesundheitstechnik zu einer Senkung der Sterblichkeitsrate, während die Geburtenrate gleich blieb und die Überlebensrate von Kleinkindern zunahm.

Diese beiden bevölkerungsreichen Nationen – China und Indien –, aber auch eine Reihe weiterer Länder in dieser Region, wie beispielsweise die Philippinen und Indonesien, verließen sich auf uralte Agrartraditionen, die so lange funktioniert hatten, wie sich die Bevölkerung innerhalb vorhersehbarer Grenzen bewegte. In all diesen Zeiten war es immer möglich gewesen, neues Land urbar zu machen – durch Rodung von Wäldern, die Anlage von Terrassenfeldern auf Berghängen oder durch die Verlegung der Dörfer in trockenere Gebiete, auch wenn die Anbaubedingungen dort nicht so gut waren. Die vertretbare Ausweitung der landwirtschaftlichen Produktion durch Urbarmachung von neuen Anbauflächen stieß nun jedoch rasch an ihre Grenzen.

Hungerepidemien in wirklich großem Ausmaß konnten in den 1960er-Jahren durch die Eigenproduktion der Länder, ergänzt durch ausländische Hilfslieferungen, vermieden werden. Dies war zwar keine nachhaltige Lösung, aber eine kurzfristige Maßnahme um Zeit zu gewinnen; währenddessen arbeiteten die Wissenschaftler in den Labors und auf den Versuchsfeldern der Forschungszentren auf den Philippinen, in Mexiko und andernorts fieberhaft an einer Umkehr der Abwärtstrends in der Landwirtschaft der Dritten Welt.

Ein neues Agrarpaket führt zum Umschwung

In den 1950er-Jahren setzten sich die beiden führenden philanthropischen Stiftungen der USA, die Ford und die Rockefeller Foundation, an die Spitze der Entwicklung von Technologien und Nutzpflanzen, um Ergebnisse zu erzielen, wie sie die Landwirtschaft in den entwickelten Ländern im Laufe von mehreren Generationen erreicht hatte. Dank der Bereitstellung von Startkapital durch die beiden Stiftungen und der Bemühungen einer Unzahl begeisterter Forscher wurden neue Hochertragssorten bei Weizen und Reis entwickelt, die sich grundsätzlich von den traditionellen Arten unterschieden, da sie kürzer und robuster waren und so ein besseres Gleichgewicht zwischen Stroh- und Korngewicht aufwiesen.

Außerdem reagierten sie besser auf Düngemittel – ein entscheidendes Merkmal, waren die neuen Hochertragssorten doch Teil eines Maßnahmenpakets, das die asiatische Landwirtschaft revitalisieren sollte: Im Idealfall beinhaltete dieses Paket nicht nur neues Saatgut, sondern auch chemische Düngemittel und Insektizide zur Bekämpfung von Pflanzenkrankheiten sowie Bewässerungsmaßnahmen. Jeder dieser Faktoren allein konnte schon eine Produktivitätssteigerung bewirken, in Kombination führten sie zu einer echten Kehrtwende.

Bald schon zeigten sich die Auswirkungen dieser neuen Agrarpakete. Die Bauern und ihre Familien ernährten sich besser, schickten mehr Kinder zur Schule und errichteten bessere Häuser. Mit der weiteren Verbreitung der neuen Sorten stieg der Durchschnittsertrag stetig an, wie dies auch in den entwickelten Ländern der Fall gewesen war. Seit 1961 verzeichnete China beim Weizenertrag eine durchschnittliche jährliche

Steigerungsrate von 91 kg pro Hektar. Die Reisproduktion Indiens stieg zwischen 1968 und 1990 jährlich um 50 kg pro Hektar.

Die von der Ford und der Rockefeller Foundation gestartete Initiative und deren Ergebnisse schlugen sich in der Diskussion um die Nahrungssicherheit in den Entwicklungsländern nieder. Es wurden ständige Forschungszentren eingerichtet – 1961 das Internationale Reisforschungsinstitut (International Rice Research Institute; IRRI) auf den Philippinen und 1966 das Internationale Zentrum zur Verbesserung von Mais und Weizen (Centro Internacional de Mejoramiento de Maíz y Trigo; CIMMYT) in Mexiko. Offizielle Entwicklungsorganisationen im Westen befürworteten die Idee der Zusammenlegung ihrer Entwicklungshilfegelder und 1971 gründeten sie eine Vereinigung, die so genannte Consultative Group on International Agricultural Research (Beratungsgruppe für internationale landwirtschaftliche Forschung), kurz CGIAR genannt.

Seit damals hat sich die CGIAR vergrößert und umfasst nun 14 weitere Institutionen, die auf den Gebieten aller wichtigen Nutzpflanzen der Dritten Welt, der Viehzucht und Krankheitsbekämpfung, der Fisch- und Aquakultur, der Forstwirtschaft und Agroforstwirtschaft, der Pflanzengenetik sowie der Agrar- und Ernährungspolitik forschen. Ein Zentrum wurde gegründet, dessen vorrangige Aufgabe es ist, den Entwicklungsländern bei der Durchführung ihrer eigenen Forschung behilflich zu sein. Alle Forschungsergebnisse werden Wissenschaftlern wie Züchtern weltweit frei zur Verfügung gestellt.

Als die Bedrohung durch Hungersnöte in den 1970er-Jahren in Asien schwand, brachten handfeste, überzeugende Forschungsergebnisse auch Hoffnung für Lateinamerika und in gewissem Ausmaß auch für Nordafrika. Die CGIAR konnte natürlich nicht alle Erfolge für sich verbuchen. Die neuen Entdeckungen und Technologien wie deren Anpassung an die Bedingungen wurden in Zusammenarbeit mit Wissenschaftlern der einzelnen Länder vor Ort erreicht, während die Privatwirtschaft und einige private Forschungseinrichtungen eine wichtige Rolle spielten, als es darum ging, die Lieferung all dieser verschiedenen Komponenten in die einzelnen Dörfer sicherzustellen.

Ein Bild, viele Interpretationen

Die Veränderung der landwirtschaftlichen Produktivität in vielen Regionen der Dritten Welt wurde unter dem Schlagwort „Grüne Revolution" bekannt. Diese Bezeichnung hat einen fast mythischen Klang und viele – mehr oder weniger berechtigte – Gegenmythen werden damit verbunden.

Bevor wir näher auf das Erreichte eingehen, wollen wir an dieser Stelle auf das Hauptmotiv für die Initiative zurückkommen: Millionen von Menschen standen vor dem Hungertod; Ergebnisse wurden gebraucht, und zwar rasch. Das soll nicht heißen, dass die Maßnahmen unüberlegt, ohne Rücksicht auf Verluste getroffen wurden, es bestand aber nie ein Zweifel daran, dass eine Produktivitätssteigerung das oberste Ziel sein musste. Zudem muss gleich zu Anfang gesagt werden, dass die Grüne Revolution kein einmaliges Ereignis der 1960er- und 1970er-Jahre war. Es handelt sich hierbei vielmehr um ein fortwirkendes Phänomen mit immer neuen Ergebnissen und Anpassungen, die angesichts neuer Erfahrungen ständig erfolgen.

Die Kritik an der Grünen Revolution konzentriert sich auf deren Begleiterscheinungen und darauf, was nicht erreicht wurde. Um zunächst auf Letzteres einzugehen: Hier, wie auch in anderen Zusammenhängen, wird Afrika als der vergessene Kontinent gesehen, den die Grüne Revolution ausspare. Es wird behauptet, die neuen Sorten und die neue Technologie hätten sich in Afrika als nutzlos erwiesen oder es sei ihnen dort nie wirklich eine Chance gegeben worden.

Dies stimmt vielleicht, allerdings müssen einige Einschränkungen gemacht werden. Wahr ist, dass das Hauptaugenmerk in den 1960er-Jahren auf Asien und Lateinamerika gerichtet war, als diese Kontinente am gefährdetsten erschienen, da sie den Löwenanteil der Armen in der Dritten Welt aufwiesen. Im südlich der Sahara gelegenen Afrika kamen landwirtschaftliche Methoden und Nutzpflanzen zum Einsatz, die keinen direkten Nutzen aus den technologischen Paketen ziehen konnten, die für die typischen Anbaumethoden in anderen Regionen der Dritten Welt entwickelt worden waren. Bald jedoch wurde daran gearbeitet, Nutzpflanzen und Technologien zu entwickeln, die spezifisch auf die afrikanische Landwirtschaft ausgerichtet waren. Heute haben vier CGIAR-Zentren ihren Sitz in Afrika und alle Zentren verfügen über Forschungsstationen auf diesem Kontinent.

Infolgedessen wurde seither in einer Reihe afrikanischer Länder ein deutlicher Produktivitätsanstieg bei Nutzpflanzen wie Mais, Bananen und Reis erzielt. Nutzpflanzen, die von der privaten Forschung vernachlässigt werden, weil sie in der entwickelten Welt uninteressant sind, wie die Wurzelfrucht Maniok oder das Getreide Hirse, werden ständig verbessert. Die ständig stark steigenden Bevölkerungszahlen wirken sich jedoch auf all diese Fortschritte negativ aus; schon seit vielen Jahren sinkt in Afrika die Nahrungsmittelproduktion pro Kopf. Noch immer steht eine echte Revolution der afrikanischen Landwirtschaft aus. Im südlich der Sahara gelegenen Afrika werden bei Nutzpflanzen heute normalerweise Ernteerträge erzielt, die in Asien vor der Grünen Revolution – oder in Europa während des Mittelalters – üblich waren.

Ein Beispiel für ein besonders an den afrikanischen Bedürfnissen ausgerichtetes Forschungsvorhaben ist der mittels fortgeschrittener internationaler Forschung geführte erfolgreiche Kampf gegen die Schädlinge, die die Maniokpflanze befallen (siehe Seite 43–48).

Ein weiterer Vorwurf, der gegen die Grüne Revolution erhoben wird, lautet, dass dadurch die Reichen reicher und die Armen ärmer geworden seien. Diese Meinung basiert jedoch nicht auf einer langfristigen Beobachtung der Tatsachen. Häufig zitieren Kritiker die indischen Dörfer als augenfälliges Beispiel mit dem Hinweis, dass dort in der Regel die Großbauern rascher das Potenzial der neuen Technologie ausnützen konnten als die Kleinbauern. Dies scheint eine logische Konsequenz zu sein. Wenn Kleinbauern auch durchaus mehr produzieren und verdienen möchten, so muss ihre erste Sorge in der Vermeidung möglicher Verluste bestehen; daher wagen sie es nur selten, alles auf eine neue Technologie oder Sorte zu setzen. Sobald sie jedoch die Erfolge sehen, engagieren sie sich ebenso nachdrücklich wie ihre Nachbarn mit größerem Grundbesitz. Wo Wasser, Düngemittel und Insektizide leicht verfügbar sind, werden sie auf Höfen jeder Größe eingesetzt.

Das Internationale Forschungsinstitut für Ernährungspolitik (International Food Policy Research Institute; IFPRI), ein weiteres CGIAR-Zentrum, hat eine der wenigen langfristigen Untersuchungen über die Auswirkungen der Grünen Revolution auf Dorfebene im Distrikt von Nord-Arcot durchgeführt, einem Gebiet, das an der nicht allzu wohlhabenden Südspitze Indiens liegt.[3] Aus der Studie, die einen Vergleich der Ernte von 1983/84 mit jener von 1973/74 anstellt, geht hervor, dass die Kleinbauern des Distrikts mit den Neuerungen in den Bereichen Anbautechnologie und Saatgut mithalten. Entgegen den Vorhersagen seitens der Kritiker hatte das Wachstum in der Agrarproduktion keine Konzentration des Bodens in der Hand von weniger Eigentümern zur Folge. Stattdessen nahm das durchschnittliche Einkommen in jenen Dörfern zu, die Zugang zu Bewässerungssystemen hatten, im Gegensatz zu jenen, wo dies nicht der Fall war.

In den untersuchten zehn Jahren stieg das Einkommen drastisch an; jene Bauern, die Reis auf bewässerten Flächen anbauten, konnten ihre Einnahmen fast verdoppeln, doch auch die Landarbeiter spürten eine deutliche Verbesserung ihrer Lage. Bauern, die Reis auf nicht bewässerten Flächen anbauten, stei-

---

[3] Peter B. Hazell und C. Ramasamy, The Green Revolution Reconsidered, Johns Hopkins University Press for the International Food Policy Research Institute, Baltimore 1991.

gerten ihr Einkommen im gleichen Zeitraum um 40 Prozent. Das zusätzliche Einkommen wurde hauptsächlich für Nahrung ausgegeben: die Speisekammer war weitaus besser gefüllt als zuvor, sowohl im Hinblick auf Kalorien als auch auf Proteine.

Aufgrund der höheren Einkommen aus der Landwirtschaft und der daraus resultierenden Nachfrage nach Gütern und Dienstleistungen wurde das Wirtschaftsleben in der Region außerdem deutlich angekurbelt. Im ländlichen Bereich stiegen die Einkommen der ärmeren Bewohner stärker verglichen mit ihren wohlhabenderen Nachbarn, in den Städten war es umgekehrt; dort zogen die von finanzkräftigen Einwohnern betriebenen Unternehmen den größten Vorteil aus der steigenden Verbrauchernachfrage in der Region.

Die Erkenntnisse der IFPRI-Studie geben jenen Unrecht, die vorschnell urteilen und behaupten: „Ja, natürlich bewirkte die Grüne Revolution viel Gutes, aber ..."

Doch wie grün war diese Revolution wirklich?

Die umweltschädliche Auswirkung des großzügigen Einsatzes von Chemikalien und umfangreicher Bewässerungssysteme ist bei jeder Beurteilung ein Hauptargument gegen die Grüne Revolution. Zweifelsohne ist eine derartige Kritik angebracht. In manchen Regionen Asiens wurden schwere Schäden angerichtet, wo weite Flächen durch die jahrelange Verdunstung von Bewässerungswasser versalzen wurden. Zudem kann nicht geleugnet werden, dass Menschen wie Tiere durch das Spritzen von Unkrautvertilgungsmitteln Schaden erlitten.

Sogar in technisch weiter fortgeschrittenen Gesellschaften wurden zu dieser Zeit die Risiken der neuen Technologie auf die leichte Schulter genommen. In der relativ langen Zeitspanne zwischen dem Ende des Zweiten Weltkriegs und den 1970er-Jahren, als Rachel Carsons bahnbrechendes Werk *Der stumme Frühling* erschien, wurden tief fliegende Flugzeuge, die Insektizide über Rübenfeldern versprühten, lediglich als Zeichen des Fortschritts gesehen, ob in Dänemark oder im US-Staat Wisconsin. Die durch übertriebenen und unangemessenen Einsatz von Düngemitteln in der industriellen Landwirtschaft verursachte Nitratverseuchung kann nicht mit der Behauptung entschuldigt werden, dass wir es nicht besser wussten. Und in unseren Breitengraden bestand ja auch gar nicht die Notwendigkeit, immer mehr Nahrung zu produzieren, um in den vergangenen hundert Jahren einfach überleben zu können.

Der Bedarf an zusätzlicher Nahrung für die Entwicklungsländer – und dies ist ein weiterer Faktor, der zu berücksichtigen ist – musste entweder durch Produktivitätssteigerung oder durch Urbarmachung von jungfräulichem und in vielen Fällen gefährdetem Boden erreicht werden. Während die Bewirtschaftung neuer Bodenflächen zumindest in manchen Ländern durchaus eine bis zu einem gewissen Grad gangbare Lösung war, konnten sich in vielen anderen Ländern viel drastischere Einschnitte schädlich auf die Umwelt auswirken und zum Verlust lebenswichtiger natürlicher Ressourcen führen. Das mit der Erforschung von Mais und Weizen befasste Forschungsinstitut CIMMYT hat berechnet, dass die Steigerung der Weizenproduktion ohne den mit der Grünen Revolution assoziierten wissenschaftlichen Durchbruch allein zwischen 1966 und 1993 die Urbarmachung von weiteren 40 Millionen Hektar Boden erforderlich gemacht hätte.[4] Dank der erzielten Forschungsergebnisse auf dem Gebiet aller Getreidearten beträgt der Bodengewinn in Indien seit den 1960er-Jahren insgesamt 300 Millionen Hektar, was der Summe der landwirtschaftlichen Nutzfläche von Brasilien, Kanada und den Vereinigten Staaten entspricht.[5] Mit anderen Worten: Hätte es nicht die Erfolge der Wissenschaftler gegeben, gäbe es in Indien einfach nicht genügend Platz für die Landwirtschaft. Natürlich besteht ein beträchtlicher

---

[4] CIMMYT Annual Report 1994, International Maize and Wheat Improvement Center CIMMYT, Mexico City 1995.
[5] Ismail Serageldin, Vortrag an der königlich dänischen Veterinär- und Landwirtschaftsuniversität in Kopenhagen am 24. Januar 2000.

Anteil dieser „Ersparnis" aus „Randlagen" – Boden, der trotzdem umgepflügt worden wäre.[6]

An dieser Stelle muss wieder der Gedanke aufgegriffen werden, dass die Grüne Revolution ein ständiger Prozess ist. Die Wissenschaftler arbeiten weiter an der Entwicklung von landwirtschaftlichen Technologien und Saatgut, um sowohl dem Produktionsbedarf als auch Umweltvorgaben gerecht zu werden. „Die doppelt Grüne Revolution", wie Gordon Conway, britischer Direktor der Rockefeller Foundation, diese Zielsetzung griffig formuliert hat.[7] Bei der ersten Generation der Neuentwicklungen war die Wahrscheinlichkeit geringer, dass sie kurz vor der Ernte abknickten und zu Boden gedrückt wurden. Gleichzeitig bestand eine starke Abhängigkeit von allen Komponenten des unterstützenden Pakets – von Wasser, Düngemitteln und Pestiziden – und in zahlreichen Regionen eine geringe Toleranz gegenüber den lokalen Bedingungen, ganz im Gegensatz zu den Landrassen, an deren Stelle sie traten. Der eindeutige Vorteil, der für sie sprach, war ihr höherer Ertrag.

Neue Aspekte wissenschaftlicher Erkenntnisse

Neue Eigenschaften werden indes ständig in die landwirtschaftlich genutzten Pflanzen hineingezüchtet. So ist es heute gang und gäbe, dass Nutzpflanzen eine gewisse Immunität gegen häufige Pflanzenkrankheiten aufweisen und in bestimmtem Maße Schädlingen Widerstand leisten, während sie gleichzeitig den Vorzug eines höheren Ertrags beibehalten. Sorten wurden entwickelt, die die im Boden und Dung enthaltenen Nährstoffe effizienter nutzen, außerdem kommen viele Sorten im Vergleich zu ihren Vorgängern mit weniger Wasser aus. Diese Züchtungen entsprechen dem Bedarf von Kleinbauern – beispielsweise

---

[6] CIMMYT Annual Report 1994.
[7] Gordon Conway, The Doubly Green Revolution: Food for All in the 21st Century, Cornell University Press, Ithaca, N.Y., 1998.

in Afrika –, die sich die Zugabe kommerzieller Produkte auf ihren Höfen nicht leisten können und die der Sicherheit vor einem möglichen Gewinn den Vorzug geben müssen.

Ein Beispiel aus dem südlichen Afrika sei hier angeführt: CIMMYT hat große Fortschritte bei der Entwicklung einer gegen Trockenheit resistenten Maissorte erzielt. Eine Vergleichsstudie zeigte, dass die besten CIMMYT-Sorten unter optimalen Wachstumsbedingungen die zweitbesten Ernteerträge aller getesteten Maissorten aufwiesen (4–7 Prozent geringer als die ertragreichste Sorte), die Mehrzahl dieser Sorten wurde von den lokalen Saatgutherstellern zum Einsatz bei kommerziellen landwirtschaftlichen Unternehmen empfohlen. Für den Bauern, der mit unsicheren Niederschlagsmengen rechnen muss, besteht das wichtigste Kriterium jedoch darin, dass der CIMMYT-Mais bei ausbleibendem Niederschlag eindeutig als Gewinner hervorging, da er um 40–50 Prozent bessere Erträge als jene Sorten brachte, bei denen unter optimalen Bedingungen die besten Erträge zu verzeichnen waren. Damit wird praktisch die optimale Situation erreicht, die Kleinbauern anstreben und an der CIMMYT immer noch hart arbeitet.[8]

Und dennoch muss hier angemerkt werden, dass „doppelt grün" die Revolution vielleicht zu stark einschränkt, da in der modernen Agrarforschung mehr Faktoren berücksichtigt werden müssen als ein profitables Ertragswachstum und ein verantwortungsvoller Umgang mit den natürlichen Ressourcen innerhalb der Landwirtschaft. Soziale Faktoren wie der Kampf gegen Armut, Ernährungsbedingungen und die Gender-Frage in der Agrartechnologie kommen hier ebenfalls ins Spiel, wenn Prioritäten für die Entwicklung neuer Nutzpflanzen gesetzt werden. In diesem Zusammenhang geht es im Wesentlichen um die Frage einer umweltfreundlichen Produktivitätssteigerung, gleichzeitig sollen jedoch auch andere Aspekte verantwortungsvoller aktueller Forschungsarbeit erörtert werden.

---

[8] A Sampling of CIMMYT Impacts 1998, International Maize and Wheat Improvement Center CIMMYT, Mexico City 1999.

Das auf den Seiten 48–56 zitierte Beispiel ist eine Zusammenfassung eines kürzlich durchgeführten, breit angelegten Forschungsprojekts, bei dem eine Reihe der oben erwähnten Aspekte Berücksichtigung finden. Diese Studie wird von einem der CGIAR Zentren, der Westafrikanischen Reisentwicklungsvereinigung (West African Rice Development Association, WARDA), durchgeführt, deren Zentrale sich an der Elfenbeinküste befindet und die an der Entwicklung von Reisanbaumethoden für Afrika arbeitet.

Die Latte höher legen

Zur Produktivitätssteigerung der Landwirtschaft untersuchen die Wissenschaftler die Ergebnisse auf drei Ebenen. Zunächst wird der tatsächliche Ertrag in einem bewirtschafteten Betrieb in einem bestimmten Gebiet untersucht – das *de facto* herrschende Produktionsniveau. Dann wird diese Zahl mit dem in Forschungsanstalten unter kontrollierten Wachstumsbedingungen erzielten Ertrag verglichen. Dieses Ergebnis stellt den aktuellen Höchstertrag dar. Und drittens werden Überlegungen angestellt, welcher Ertrag nach weiterer Forschung erreicht werden kann. Diesem einfachen Dreischritt werden die neben dem Ertrag gesuchten Eigenschaften hinzugefügt. Der Einfachheit halber konzentrieren wir uns hier jedoch auf den Ertrag.

Den Wissenschaftlern stellen sich bei der Arbeit auf diesen drei Ebenen mehrere Probleme. Es kostet einige Mühe, den Ertrag auf dem Feld konstant zu halten, wenn man bedenkt, dass die Pflanzen einer steten Abfolge von Angriffen verschiedener Schädlinge ausgesetzt sind. Die Insektenpopulation ist ständigen Schwankungen unterworfen und – insofern als die Pflanzen selbst diesen widerstehen können – die Abwehrmechanismen einer Pflanze müssen laufend aktualisiert werden. Die Wissenschaftler müssen neue Angriffsformen dadurch bekämpfen, dass sie die Pflanzen in die Lage versetzen, Schädlingen und Krankheiten durch Mutation zu widerstehen. Diese

„Wartungsforschung" ist heute ganz eindeutig Routine. Für jede der momentan auf den bäuerlichen Feldern eingesetzten Sorten müssen Forscher und Saatgutzüchter andere bereithalten, die jederzeit kurzfristig als Saatgut ausgegeben werden können.

Eine weitere wichtige Aufgabe besteht darin, die Zahl der Faktoren einzuschränken, die den Bauer hindern, ebenso hohe Erträge zu erzielen wie auf den Testfeldern der Versuchsanstalten. Die Forschung spricht hier vom Schließen der Ertragslücke. Natürlich könnten die Bauern keinen Gewinn erzielen, wenn sie in ihre Felder so stark investierten wie die Wissenschaftler auf den Versuchsfeldern. Aus praktischer Sicht rangiert das wirtschaftlich akzeptable Niveau etwas unter dem Maximalertrag. Fast immer sind jedoch noch Verbesserungen bei bestimmten Agrartechniken wie Bodenbehandlung, Unkrautbekämpfung, Aussaatzeiten und Düngeplänen möglich. Diesbezüglich ist eine enge Zusammenarbeit zwischen Forschern und Bauern gefragt. In der industrialisierten Hochertragslandwirtschaft könnte die Hauptaufgabe für die Forschung vielleicht im Aufzeigen von möglichen Betriebseinsparungen mit möglichst geringer Ertragseinbuße liegen, um den Druck auf Kapital oder Umwelt zu mindern.

Die modernste Forschungsarbeit ist auf die Anhebung des aktuellen Ertragsmaximums ausgerichtet. Wenn alle Möglichkeiten zur Ertragsverbesserung durch besseren Anbau als ausgeschöpft gelten, müssen neue Pflanzenarten entwickelt werden: Die Forscher müssen ein größeres langfristiges Forschungsprojekt starten, bei dem bestehende kommerzielle Sorten mit Landrassen und Wildformen von Kulturpflanzen gekreuzt werden. Zu diesem Zweck stehen Wissenschaftlern wie Saatgutzüchtern innerhalb ihrer eigenen Institutionen oder jenen ihrer nationalen und internationalen Kollegen große Saatgutsammlungen, so genannte Genbanken, zur Verfügung. Im Laufe der vergangenen hundert Jahre wurden Samen aus allen Ecken der Welt gesammelt, unter strengen Versuchsbedingungen kultiviert und deren verschiedene Eigenschaften notiert. Proben der kultivierten Samen werden dann tiefgefroren und harren einer zukünftigen Verwendung. Derartige private und öffentliche Genbanken finden sich in fast jedem Land der Welt; diese Sammlungen zu erweitern und zu pflegen, ist eine gewaltige Aufgabe. Die Samen müssen ständig durch Kultivierung regeneriert werden, da sie sonst ihre Keimfähigkeit, meist nach einigen Jahrzehnten, verlieren würden. Die IRRI-Reisgenbank von CGIAR enthält etwa 130.000 Sorten und deren verwandte Wildformen; CIMMYT lagert über 100.000 Arten von Weizensamen bei einer Temperatur von minus 18 Grad in einem Betonsilo in Mexiko. Alle Genbanken haben Vereinbarungen mit anderen Institutionen gegen Störungen abgeschlossen, um sicherzustellen, dass es immer zumindest einen Satz mit Reservekopien gibt; außerdem gibt es eine umfassende Zusammenarbeit zwischen privaten und öffentlichen Genbanken über den Samenaustausch und Rettungsaktionen für den Fall, dass Samen verderben.

Schätzungen zufolge beherbergen die Genbanken des CGIAR-Systems 40 Prozent aller für die Entwicklungsländer relevanten gelagerten Nutzpflanzen, und zwar sowohl deren Kultur- als auch deren Wildformen. Die CGIAR hat mit der Ernährungs- und Landwirtschaftsorganisation der Vereinten Nationen (FAO) eine Vereinbarung geschlossen, wonach die Genbanken zum allgemeinen globalen Eigentum bestimmt werden. Wenn auch die Betreuung des Pflanzenmaterials immer noch der CGIAR obliegt, bedeutet dies, dass die heute übliche Praxis des freien Zugangs aller zu den Beständen nun durch eine internationale Vereinbarung ratifiziert wurde, aufgrund derer keiner Gruppe mit Partikularinteressen besondere Vorteile eingeräumt werden.

Im entwickelten Teil der Welt differieren die Ergebnisse – Ertragspotenzial und andere Eigenschaften der Nutzpflanzen – in den landwirtschaftlichen Betrieben und den Forschungsanstalten nicht sehr stark, die Ertragslücke muss daher nicht notwendigerweise verringert werden; die Erträge bewegen sich normalerweise innerhalb einer fixen Marge des Maximalertrags einer Pflanze. In den meisten Entwicklungsländern besteht jedoch noch immer ein beträchtliches Defizit. In manchen Fällen kann die Lücke durch bessere kontinuierliche Information der Bauern geschlossen werden, häufig verfügen diese jedoch weder über die notwendigen Arbeitskräfte noch über das Kapital, um ihre Arbeitsweise zu verändern, sodass sie aus gutem Pflanzenmaterial nicht den Maximalertrag herausholen können. In vielen Teilen Afrikas, wo beispielsweise der Boden extrem arm an Nährstoffen ist, es sich die Bauern aber nicht leisten können, ein alles entscheidendes Minimum an Düngemitteln zuzuführen, ist dies eine keineswegs ungewöhnliche Situation.

In vielen Regionen der Dritten Welt besteht jedoch kein großer Unterschied zwischen den von den Bauern und den in den Forschungsanstalten erzielten Erträgen. Die bis 1990 Jahr um Jahr erreichten Ertragssteigerungen können zwar auch heute noch beobachtet werden, die Wachstumsrate ist jedoch geringer, und dies angesichts einer ständig wachsenden Bevölkerung. Glücklicherweise ist auch dieser Trend heute weniger markant als in den 1960er- und 1970er-Jahren.[9] Zudem gibt es in den Forschungsanstalten Anzeichen dafür, dass es schwierig sein könnte, durch die Kombination optimaler Anbaumethoden mit bekanntem Pflanzenmaterial höhere Erträge zu erzielen. Es hat den Anschein, als ob die Ertragslücke allen Bemühungen zum Trotz praktisch unverrückbar sei. In einer derartigen Situation stehen die Forscher und Saatgutproduzenten zweifellos vor der Herausforderung, die Ertragsdecke dennoch anzuheben. Auch wenn alle auf nationaler wie internationaler Ebene auf dieses Ziel hinarbeiten, gingen durch fehlende Finanzierung schon einige gute Arbeitsjahre verloren.

---

[9] United Nations Population Fund, 23. September 1999.

Zweites Kapitel

Die Gefahr eines allzu großen Vertrauens

An dieser Stelle sollte Rückschau auf die 1950er-Jahre gehalten werden, als die Ford und die Rockefeller Foundation erkannten, dass etwas unternommen werden müsse, um den Trend umzukehren, da das Bevölkerungswachstum schneller voranschritt als die Zunahme in der Nahrungsproduktion. Diese Erkenntnis setzte ein Forschungsprogramm in Gang, das zur Entwicklung verbesserter Sorten führte. Anfangs diente dies lediglich zur Bestätigung des alten Sprichworts, dass ein Erfolg zum nächsten führt. Die Mehrzahl der Hilfsorganisationen und viele Regierungen in der Dritten Welt erkannten die Notwendigkeit, dass gemeinsam an einem Strang gezogen werden musste; viel Zeit und Energie wurden daher in die Agrarentwicklung und -forschung investiert. Anfang der 1980er-Jahre wurde Entwarnung gegeben, was soviel hieß, dass die Aufgabe zufriedenstellend erledigt worden war. Seit damals machten Hungersnöte keine Schlagzeilen mehr, abgesehen von vereinzelten Fällen, die durch Bürgerkriege verursacht worden waren.

Zu diesem Zeitpunkt kam es zu einer Kehrtwende im Investitionsverhalten gegenüber der Landwirtschaft in den Entwicklungsländern und der Entwicklungshilfe ganz allgemein: Der offensichtliche Erfolg kippte fast in Gleichgültigkeit um. Das Problem der landwirtschaftlichen Produktivität war gelöst und nun konnte man sich anderen, interessanteren Punkten der Tagesordnung zuwenden. Symptomatisch für dieses schwindende Interesse war der deutliche Rückgang der Entwicklungshilfe für Agrarforschung und -entwicklung.

Infolgedessen kam es zu einer rückläufigen Produktion von Forschungsergebnissen und es wird einige Zeit dauern, dies wieder wettzumachen. In den meisten Ländern gelang es gerade noch, die laufenden Forschungsarbeiten aufrechtzuerhalten, in der echten Spitzenforschung, die auf eine Anhebung der Ertragsdecke ausgerichtet ist, konnte jedoch kein wesentlicher Fortschritt erzielt werden. Und die aktuelle Forschungsrichtung war, genau genommen, auch nur wenig hilfreich. Die spärlich vorhandenen finanziellen Mittel wurden – mit gutem Grund – in die Entwicklung vieler anderer Aspekte der Agrartechnik und der Pflanzensorten gesteckt und man konzentrierte sich nicht so sehr auf eine Steigerung des Ertragspotenzials. Und wieder einmal taucht Malthus' Wettlauf zwischen der Bevölkerungszahl und dem Nahrungsmittelangebot drohend am Horizont auf, wie in Kapitel 4 aufgezeigt werden wird.

Mittlerweile wurde die Forderung nach einer dynamischen Nahrungsmittelproduktion auf eine Reihe weiterer Bedingungen ausgeweitet, insbesondere in Bezug auf die natürlichen Ressourcen und die Belange des Umweltschutzes. Angesichts der Komplexität dieses Problems wäre Malthus sicherlich verzweifelt. Was wir uns in dieser Situation aber nun wirklich nicht leisten können, ist, zu passiven Mitgliedern in seinem Untergangsverein zu werden.

Nicht mit Gift, sondern natürlich*

Importierte Insekten

In den 1960er-Jahren tauchte ein alter Bekannter – die Maniokschildlaus – in den ländlichen Gebieten Westafrikas auf. Sie wurde – wie die Biologen sagen – zufällig von Südamerika eingeschleppt. Sie fraß und fraß, verbreitete sich rasch ostwärts und die Lage schien für den Maniok vollkommen hoffnungslos. Die Forscher waren am Ende ihrer Weisheit. Maniok ist eine wichtige Kulturpflanze in Südamerika, seltsamerweise hat die Maniokschildlaus dort jedoch keine Schwierigkeiten gemacht und wurde daher auch nur wenig erforscht.

---

* Auszug aus dem gleichnamigen Kapitel in dem Buch *Good News from Africa* von Ebbe Schiøler.

Als ob dies nicht schon schlimm genug war, tauchte 1971 ein weiterer gefährlicher Schädling, die Grüne Maniokspinnmilbe, auf – ebenfalls aus Südamerika eingeschleppt. Sie wurde in Uganda entdeckt und schien sich dort sehr wohl zu fühlen und breitete sich in der Folge von dort aus.

Diese beiden Insekten können an die 30–50 Prozent einer Ernte vernichten. Man muss aber wissen, dass eigentlich Insekten diesen Schaden anrichten; um ihnen auf die Spur zu kommen braucht man allerdings ein sehr starkes Mikroskop und ein geübtes Auge.

Eine natürliche Reaktion

Viele Jahre und eine ganze Menge an Experimenten waren notwendig, um eine Lösung für dieses Problem zu finden. Es musste eine schlüssige Erklärung dafür geben, warum die Maniokschildlaus, der sich die Forscher zunächst zuwandten, in Südamerika keine Schwierigkeiten bereitete.

Zwei internationale Forschungszentren, das Internationale Zentrum für tropische Landwirtschaft (Centro Internacional de Agricultura Tropical; CIAT) in Kolumbien und das Internationale Institut für tropische Landwirtschaft (International Institute of Tropical Agriculture; IITA) in Nigeria machten sich in Brasilien, wo viel Maniok angebaut wird, auf die Suche nach der Schildlaus. Nach langer Forschungsarbeit wurde entdeckt, dass die Schildlaus von einer parasitischen Wespe in Schach gehalten wird, auch wenn sich keine der in den Netzkäfigen der Laboratorien getesteten Arten wirklich ködern ließ.

Erneute Expeditionen in verschiedene Ecken Südamerikas brachten schließlich einige viel versprechende parasitische Wespenarten ans Tageslicht. Nun ging es darum herauszufinden, welche die nützlichste war. Zahlreiche Bedingungen mussten erfüllt werden: sie durfte nützliche Insekten nicht schädigen oder Krankheiten nach Afrika einschleppen; sie musste die im afrikanischen Maniokgürtel herrschenden Bedingungen überleben können, die in einem so großen Gebiet stark variieren können; und sie musste einen unersättlichen Appetit haben, aber gleichzeitig auch in der Lage sein zu überleben, wenn es nicht so viele Schildläuse gab.

Eine kleine Wespe schien eine aussichtsreiche Kandidatin zu sein. Sie wurde von Südamerika in ein Labor nach London gebracht, wo festgestellt werden konnte, dass sie krankheitsfrei war, und wo sie zu Tausenden gezüchtet werden konnte. Tests auf den Feldern Westafrikas erfüllten alle Erwartungen, die Wespe lieferte eine großartige Vorstellung entlang der von der Schildlaus angerichteten Spur der Vernichtung. Normalerweise wurde sie in geringer Stückzahl in den betroffenen Gebieten ausgesetzt, manchmal aber auch von Flugzeugen abgeworfen.

Immer leichter

Eine Arbeitsgruppe hoch spezialisierter Wissenschaftler war auf dieses Projekt angesetzt worden, die modernsten Methoden und Instrumente kamen zum Einsatz, um zum erwünschten Ziel zu gelangen. Danach ging es darum, eine Technik zu entwickeln, die noch unter bescheidensten Laborbedingungen in Afrika wiederholt werden konnte. Wissenschaftlern des IITA gelang es, eine einfache und geniale Lösung zur millionenfachen Züchtung der Wespen vor Ort zu entwickeln.

Die ugandischen Forscher an der Forschungsanstalt von Namulonge betreiben das System nun selbst. Der gesamte Produktionsaufbau besteht aus nicht mehr als einem dünnen, mit Sägemehl gefüllten Plastikschlauch von 1,5 m Länge, der an einem Seil aufgehängt wird. Darüber hängt ein kleiner Eimer mit einem Schlauch zur Bewässerung des Sägemehls. In die Plastiktüte werden viele kleine Löcher geschnitten, in die kurze Maniokstiele gesteckt werden; innerhalb kurzer Zeit entwickeln diese Wurzeln und Blätter und sehen wie ein kleiner Weihnachtsbaum aus Maniokstecklingen aus. Der Maniok braucht in der Tat sehr wenig Nahrung.

Der Baum wird in ein aus einem engmaschigen Moskitonetz bestehendes Zelt transferiert, in das sodann die schädlichen Schildläuse ausgesetzt werden. Sie kommen aus kleinen Netzkäfigen, wo sie sich an Maniokblättern delektiert haben. Ihre Freude an all diesem frischen, köstlichen Nachschub ist jedoch nur von kurzer Dauer, wenn Maniokzweige übervoll mit parasitischen Wespen in das Zelt gebracht werden. Nun sind die Wespen an der Reihe sich zu laben und sie tun dies in kürzester Zeit.

Dieser Prozess kann in aller Ruhe so lange fortgeführt werden, bis die Wespen andernorts gebraucht werden. Dann wird der untere Teil des Zelts mit einer schwarzen Stoffplane abgedeckt und die Wespen krabbeln zum Licht nach oben in einen kleinen durchsichtigen Plastikkanister.

Innerhalb von 12 Stunden sind die meisten Wespen in dem Plastikkanister, der sodann in eine Kühlbox (mit Kühlelementen) gepackt wird, um die Wespen ruhig zu stellen. Das Feld muss erreicht werden, bevor die Temperatur ansteigt. Die Wespen werden auf dem befallenen Feld freigelassen und haben bald alles unter Kontrolle.

Die erste derartige Operation fand in Uganda statt, als die Schildlaus 1992 dort auftauchte. Damals verfügten die Ugander nicht über die nötige Ausrüstung, um das Problem selbst anzugehen; 12 Stunden nach der Entdeckung hatte IITA jedoch eine Ladung parasitischer Wespen eingeflogen. Danach waren es nur mehr drei Autostunden in einer kleinen Kühlbox, bevor die Schlacht zur „biologischen Schädlingsbekämpfung" beginnen konnte.

Grün ist nicht immer gut

Die Forscher hatten aus ihren Erfahrungen mit der Schildlaus gelernt und konnten nun – zumindest theoretisch – davon ausgehen, dass der andere Schädling, die Grüne Maniokspinnmilbe, ebenfalls biologisch bekämpft werden konnte. Es waren schon Versuche unternommen worden, sie mit Insektiziden zu bekämpfen, aus vielen Gründen – vor allem finanzieller Art – war daraus jedoch nichts geworden.

Die internationalen Forschungszentren entsandten daher neue Expeditionsteams in verschiedene Regionen Südamerikas; danach wurden fünf verschiedene, in Kolumbien gefangene Raubmilben an der Grünen Maniokspinnmilbe getestet. Zwischen 1984 und 1988 wurden 5,2 Millionen Raubmilben an 341 Orten in 11 afrikanischen Ländern ausgesetzt. Keine einzige überlebte, wahrscheinlich weil sie keine andere Nahrung fanden, nachdem sie die Maniokmilben aufgefressen hatten.

Diese Lehre kam teuer zu stehen und daher konzentrierte man sich im nächsten Versuch auf die Aussetzung von Raubmilben, die aus ähnlichen Klimazonen stammten, wie sie in Afrika vorherrschten. Auch beim zweiten Mal stand sehr viel auf dem Spiel. Fünf verschiedene Raubmilbenarten wurden an 365 Orten wieder in 11 Ländern zwischen 1989 und 1995 freigelassen. Drei davon zeigten recht gute Resultate.

Die größte Überraschung lieferte eine Raubmilbe, die bis 1993 nicht am Versuch beteiligt war. Heute kann man sie in über 1.000 Distrikten sowohl Ost- als auch Westafrikas antreffen: ein lebhaftes Kerlchen, das schon im ersten Jahr ein Verbreitungsgebiet von 12 Kilometern vom Aussetzungspunkt erreichen kann und im zweiten Jahr bis zu 200 Kilometer wandert. Jetzt kontrolliert sie ein Gebiet von mehr als 400.000 km². Diese Raubmilbe, die sowohl einen Vornamen als auch einen Nachnamen hat – *Typhlodromalus aripo* –, lebt auch von Pollen, Blütennektar und Pflanzensaft, sie kann daher auch überleben, wenn die Zahl an Maniokmilben zurückgeht. Für jede Generation Grüner Spinnmilben produziert sie zwei Generationen – sie hat also sehr leichtes Spiel.

In der Tat hat sich diese Raubmilbe mehr als gelohnt. Laut Berechnungen der Wissenschaftler steigt die Produktion auf einem von der Grünen Maniokspinnmilbe befallenen Feld zwischen 30 und 40 Prozent, wenn die Raubmilbe ausgesetzt wird. Allein in Westafrika summiert sich dies zu einem Gewinn von US $ 48,5 Millionen pro Jahr.

Die Sache richtig machen[*]

Schon mindestens 3500 Jahre lang wird Reis in Afrika angebaut – nicht die in den Tiefebenen Asiens angebauten Sorten, wo die Felder überflutet werden und der Reis in der Wachstumszeit zumeist im Wasser steht. Der indigene afrikanische Reis kommt mit Regenwasser aus und wird wie andere Getreidearten in bewährter Manier ausgesät. Hier an der Elfenbeinküste gedeiht er gut. Er nimmt zumeist alles hin, was das Klima ihm bietet, und ist gegen

---

[*] Auszug aus dem gleichnamigen Kapitel in dem Buch *Good News from Africa* von Ebbe Schiøler.

viele Krankheiten und schädliche Insekten resistent. Der von ihm erbrachte Ertrag kann jedoch nicht als beeindruckend bezeichnet werden und daher konzentrieren sich die meisten Bauern auf den Anbau einer jener importierten asiatischen Sorten, die nicht auf überfluteten Feldern wachsen. In guten Jahren ist die Ernte beim asiatischen Reis wesentlich besser. Aber nicht jedes Jahr ist auch ein gutes Jahr. Ganz im Gegenteil: Der Regen kann ausbleiben oder es kann eine schlimme Pflanzenkrankheit ausbrechen oder Schädlingsbefall einsetzen. In solchen Jahren wäre es besser, beim afrikanischen Reis zu bleiben. Ein kluger Bauer baut ein bisschen von beidem an.

Das verdammte Unkraut

Und dann gibt es noch das Unkraut. Auf den Feldern hier in der Gegend handelt es sich bei Unkraut nicht um harmlose kleine Pflanzen wie Löwenzahn, Hahnenfuß oder Kreuzkraut. Nein, es sind kräftige Disteln, scharfkantige Gräser, dickblättrige große Pflanzen mit zähen Stielen und kleine Büsche, die im Handumdrehen ein mächtiges, weit reichendes Wurzelsystem ausbilden können, das alles in Sichtweite erdrückt, wenn nicht regelmäßig und gründlich gejätet wird.

Und das Unkrautjäten ist schon an sich ein schwer wiegendes Problem, da es so wenige Arbeitskräfte gibt. Alles wird mit der Hacke in der Hand getan; auch wenn die Kinder ihren Anteil an der Arbeit leisten, kann diese kaum bewältigt werden. Um nur einen Hektar Land frei von Unkraut zu halten, muss jedes Jahr 40 Tage lang im Schweiße des Angesichts geschuftet werden. Dies ist ein guter Grund, weshalb sich der afrikanische Reis noch immer großer Beliebtheit erfreut: Er wächst schnell und entwickelt sich binnen kurzem zu einem richtigen kleinen

Busch mit dichtem Blattwerk, das den Boden bedeckt, das Unkraut beschattet und es damit nicht hochkommen lässt.

Aber wie schon zuvor erwähnt bringt dieser Reis keine großartige Ernte, gleichgültig wie sorgsam er auch gepflegt wird, auch nicht wenn er genügend Dung erhält. Diese spezielle Reissorte produziert einfach nicht viele Körner pro Pflanze und wenn die Wachstumsbedingungen verbessert werden, setzt er nur stärkere Triebe und Blätter an.

Ganz schön viel Negatives kann über den afrikanischen Reis gesagt werden. Er hat die unglückliche Angewohnheit aufzuspringen, sodass ein Teil der halb reifen Reiskörner zu Boden fällt und noch vor der Ernte verloren geht. Außerdem ist der Stiel so dünn, dass er häufig abknickt oder durch Wind und Regen verbogen wird. Und ein Teil der Körner, die im Schatten der Blätter wachsen, kommt unter Umständen gar nicht zur Reife. Der Samen hat zudem eine lange Keimdauer. Die Körner sind jedoch in Ordnung und der Reis schmeckt gut.

Bei der Westafrikanischen Reisentwicklungsvereinigung WARDA (West African Rice Development Association) wurde einige Jahre lang an der Verbesserung des afrikanischen Reises gearbeitet. Über einen gewissen Punkt hinaus konnten aber keine Fortschritte erzielt werden und daher gibt es momentan kein großes Interesse an einer Fortführung dieser Studien.

Andererseits war viel Arbeit in die Anpassung und Verbesserung der asiatischen Reissorten investiert worden. Eigentlich wollte man die hervorragenden Ergebnisse aus Asien wiederholen, wo seit den 1960er-Jahren bis in die jüngste Vergangenheit ein Jahr ums andere Rekordernten erzielt worden waren. Bei WARDA war die gleiche Formel angewandt worden: neue Sorten und jede Menge Düngemittel, Wasser und Insektizide, wo Krankheiten und Schädlinge bekämpft werden mussten. Lediglich etwa 20

Prozent der westafrikanischen Bauern waren indes in der Lage, dieser Methode zu folgen.

Im Laufe der Jahre war der asiatische Reis zudem resistenter gegen Krankheiten und Insekten gemacht worden, auch wenn er noch immer nicht so widerstandsfähig wie die afrikanischen Sorten ist. Zudem waren die asiatischen Sorten beim Unkrautproblem völlig untauglich. Ganz im Gegenteil – ihr Wuchs ist hoch, schlank und locker und sie lassen daher ihren Rivalen jede Menge Platz. Infolgedessen mussten die Felder mit Unkrautvertilgungsmitteln besprüht werden, wenn man noch die Hoffnung auf die hervorragenden Erträge haben wollte, die aus dem asiatischen Reis erzielt werden können.

Für Kleinbauern stand diese Möglichkeit niemals offen, daher mussten sie mit schlechteren Erträgen Vorlieb nehmen und ein wenig von beiden Reissorten auf ihren Feldern anbauen. Niemals wurde indes generell in Frage gestellt, ob Reis angebaut werden sollte, da in vielen Ländern Westafrikas Reis das Hauptnahrungsmittel darstellt. Diese Länder sind indes keineswegs in der Lage, ihren Eigenbedarf zur Gänze selbst zu produzieren. An der Elfenbeinküste müssen vier von zehn Kilogramm importiert werden. Dies trifft mehr oder weniger auch auf das übrige Westafrika zu, das insgesamt mehr als 6 Millionen Tonnen Reis jährlich importiert. Ein derartiger Reisberg ist kaum vorstellbar.

Daraus folgt, dass die Reisforscher eindeutig noch genügend zu tun haben.

Die Bauern wissen, was sie wollen

Eine gute Reispflanze muss in der Lage sein, ohne Hilfe von Düngemitteln zu gedeihen, sie muss mit einem trockenen Jahr zurechtkommen und – natürlich – einen annehmbaren Ertrag bringen. Die Reiskörner sollten groß, die Rispen fest und die Pflanzen hoch gewachsen sein: die Erntearbeit kann ganz schön ins Kreuz gehen. Außerdem gelten große Reispflanzen allgemein als ertragreich. Ebenso wichtig ist jedoch, dass der Reis rasch wächst und früh ausreift, damit die Zeitraum zwischen dem Aufbrauchen und der Aufstockung der Reisvorräte nicht zu groß ist. Und wie steht es mit der Unkrautbekämpfung? Nun, selbstverständlich ist das für jeden, der auch nur ein wenig über die Landwirtschaft Bescheid weiß, äußerst wichtig.

Eine beinahe hoffnungslose Aufgabe

Als Anfang der 1990er-Jahre eine neue Generation internationaler Wissenschaftler zu WARDA kam, gingen sie zurück zum Ausgangspunkt. Das heißt nicht, dass die bei den afrikanischen und asiatischen Reissorten erzielten Verbesserungen erfolglos gewesen waren, dennoch brachten sie keinen echten Durchbruch. Daher steckten sich die neuen Forscher das Ziel, die asiatischen und afrikanischen Varianten zu kreuzen, um von beiden Arten das jeweils Beste herauszuholen. Jemand, der nichts von Pflanzenkreuzung versteht, hält dies vielleicht für ein leichtes Unterfangen. In Wirklichkeit war es jedoch ein umfangreiches Vorhaben, oft sah es gar nicht hoffnungsvoll aus, bis schließlich ein Erfolg verbucht werden konnte.

Die Forscher sammelten zunächst Samen von allen afrikanischen Reissorten, derer sie habhaft werden konnten, von anderen Forschungszentren auf der ganzen Welt und von der Saatgutsammlung, die WARDA selbst verwaltet. Sie erhielten auf diese Weise insgesamt 1.500 Sorten. Da über viele dieser Varianten nur wenig bekannt war, wurden sie auf Versuchsfeldern gezogen und für jede einzelne Pflanze wurde ein detaillierter Beschreibungsbogen angelegt. Auf einer langen Liste wurden für jede Pflanze 47 Eintragungen vermerkt: Pflanzenhöhe, Stielumfang, Anzahl der Blätter, Keimdauer, Rispenlänge, Anzahl der Körner, Körnergröße, deren Farbe und Form und natürlich deren Geschmack. Ebenso enthalten waren zahlreiche andere Informationen, insbesondere über das Wachstum der Pflanze, wie sie mit und ohne Düngemittel und eingeschränkter Niederschlagsmenge gedieh.

Über den asiatischen Reis war schon viel bekannt, insbesondere bei den Fachkollegen am Internationalen Reisforschungsinstitut IRRI auf den Philippinen, wo über 100.000 Samensorten unmittelbar zur Verfügung stehen.

Daher wurde aus beiden Typen eine Auswahl der am meisten versprechenden Pflanzen getroffen, die jeweils mehrere gute Eigenschaften aufweisen und mit hoher Wahrscheinlichkeit in Westafrika gedeihen. Diese mussten dann auf unterschiedliche Weise gekreuzt werden, um in den neuen Pflanzen die besten Eigenschaften zu vereinen. Es sollte wirklich eine Vielzahl von Pflanzen zur Auswahl entstehen, da in einer so großen Region wie Westafrika stark differierende Bedingungen gegeben sind – viele unterschiedliche Böden, verschiedene Krankheitsmuster, unterschiedliche Schädlinge und ein weites Spektrum an Niederschlägen. Nun begann die wirklich harte Arbeit.

Wenn Blüten verschiedener Sorten weiblicher und männlicher Reispflanzen vermischt werden, entstehen normalerweise Pflanzen, die Reiskörner tragen. Diese sind jedoch, wie die Forscher herausfanden, nicht keimfähig. Und dies wäre dann, wie man meinen könnte, das Ende der Fahnenstange. Aber nicht bei WARDA, da den Wissenschaftlern dort bekannt war, dass in der Natur hin und wieder Fremdbestäubungen auftreten. In den Tausenden von Jahren, seit es beim Reis Wild- und Kulturarten gibt, kommt es immer wieder zu einem größeren Regenerationsprozess.

Wissenschaftler können Fälle nachweisen, wo dies auch unter Laborbedingungen erreicht werden konnte.
Es ging also nun darum, hartnäckig bei der Sache zu bleiben. Und wirklich, bei einem winzigen Bruchteil der Hybriden gelang es, eine Keimung in die nächste Generation zu erreichen. Die Nachkommen waren eher dürftig und die Mehrzahl das genaue Abbild des einen oder anderen Elternteils, eine Hand voll erwies sich jedoch als Mischung beider. Alle Anstrengungen mussten sich nun auf diese Pflanzen konzentrieren, was zweifelsohne ein langsamer Prozess war: Die neuen Pflanzen mussten über mehrere Generationen hinweg gezogen werden, um sie so widerstandsfähig zu machen, dass sie auch außerhalb der Laborbedingungen überleben konnten. Und eine Reispflanze hat eine Reifezeit von mindestens 120 Tagen.

Weitere gute Ideen

Die Forscher suchten daher nach Möglichkeiten für eine Beschleunigung dieses Prozesses. Kollegen aus China und Kolumbien führten sie in Techniken ein, die es ihnen ermöglichten, nach nur wenigen Wochen direkte Kreuzungen zwischen zwei Sämlingen durchzuführen. Zugegeben, dies bedeutete, dass sie bestimmte Nährsubstanzen für die Aufzucht entwickeln mussten, und auch dies gelang ihnen. In lediglich zwei Jahren hatten sie eine kleine einsatzfähige Pflanzenauswahl, für die sie nach den alten Methoden mindestens fünf bis sechs Jahre gebraucht hätten.

Währenddessen arbeitete man gleichzeitig an der Verbesserung der Elternpflanzen, auch der Selektionsprozess wurde genauer. Und dann begann der richtige Spaß. Natürlich würden die Wissenschaftler dies nicht mit diesem Wort beschreiben – aber ein Blick auf die Forscher genügt um zu erkennen, was sie denken.

Im Frühling 1996 pachteten sie Felder von Bauern aus mehreren Dörfern und stellten Leute aus diesen Dörfern für deren Bearbeitung an. Sechzig verschiedene Sorten wurden gepflanzt: für jede Sorte jeweils zwei kleine Parzellen – eine mit Düngemitteleinsatz, die andere ohne. Es kamen afrikanische und asiatische Sorten wie auch zehn neue Hybride zum Einsatz.

Viel Neues unter der Sonne

Die Forscher machten einen harten Schnitt mit der Tradition. Zuvor hätten sie jahrelang auf den Versuchsfeldern der Versuchsanstalt arbeiten müssen, bevor schließlich einige neue Sorten, „die Crème de la Crème der Ernte", ausgewählt und den Bauern angeboten hätten werden können. Nun wurden den Bauern alle Möglichkeiten vorgestellt und die Entscheidung von diesen selbst getroffen. In Ponoundogou zogen sie 1997 insgesamt 19 Sorten. Einige wurden während der Versuchsphase ausgeschlossen, da auch Geschmack, Kochzeit, Farbe der Körner und die Leichtigkeit, sie zu Mehl zu vermahlen, unter reellen Bedingungen beurteilt werden mussten.

Bis dato wurden noch keine Studien über die von den Bauern erzielten Erträge erstellt: Die winzige Bodenparzelle, auf der ein Samenpäckchen Reis gesät werden kann, reicht als Grundlage für eine wissenschaftliche Statistik nicht aus. Auf den Versuchsfeldern von WARDA kann jedoch leicht ersehen werden, was mit und ohne Düngemittel erreicht werden kann und dass die neuen Hybride konsequent erheblich mehr Ertrag bringen als deren Eltern, auch ohne Düngemitteleinsatz. Wenn Düngemittel verwendet werden, können es die neuen Sorten leicht mit den besten asiatischen Arten aufnehmen.

Außerdem verfügen die neuen Sorten über alle positiven Eigenschaften ihrer Eltern: hohe, widerstandskräftige Stiele, dichtes Blattwerk am Fuß der Pflanze, rasches Wachstum, kein Abwerfen unreifer Samen und Resistenz gegen viele allgemein verbreitete Krankheiten und Schädlinge. Die neuen Pflanzen werden auch mit kurzfristiger Trockenheit fertig. Und siehe da, sie sind sogar ihre eigene Vogelscheuche: die dornigen Blätter an der Spitze bilden einen kleinen, nach oben gerichteten Ring, sodass Vögel kaum in die Nähe der Körner gelangen. Die Forscher werden bei der Auswahl der Pflanzen wohl kaum an diesen Nebeneffekt gedacht haben – dennoch können sie auch auf diesen letzten kleinen Touch durchaus stolz sein.

Drittes Kapitel

Forschung, Risiko und Vorteile – die Grenzen verschieben sich

Der prächtige Tiergarten von Singapur bietet viele aufregende und ungewöhnliche Attraktionen. So können die Besucher etwa mit einem freundlichen Orang-Utan frühstücken. Ein Tourist, der während seines Aufenthaltes in Singapur seinen 50. Geburtstag feierte, nahm diese Gelegenheit wahr und ein bestellter Fotograf schoss einige Schnappschüsse des Geburtstagskindes mit einem stattlichen, etwas nachdenklich blickenden Orang-Utan an seiner Seite. Er verschickte die Fotos dann an seine Freunde und Bekannten mit der folgenden Anmerkung: „Habe meinen Geburtstag mit meinen engsten Verwandten gefeiert."

An diesem Scherz ist viel mehr wahr, als man zunächst vermuten möchte. Jüngste Forschungen haben nicht nur große Ähnlichkeiten zwischen Menschen und Affen bestätigt (das ist nichts Neues, weiß doch jedes Kind, dass wir „vom Affen abstammen"), die Erforschung der tiefsten Ebene – die Analyse unseres genetischen Aufbaus – hat zudem ergeben, dass sich der Genpool des Menschen bis zu 99 Prozent mit jenem der Affen deckt. Viele Gene scheinen bei beiden Arten identisch zu sein.[1] Was bei einem Vergleich des Genpools am meisten verblüfft, sind also nicht die – wenngleich entscheidenden – Unterschiede, sondern vielmehr die Ähnlichkeiten. Die Gren-

---

[1] Søren Molin, Biologiens paradoxer, Anhang zum Bericht Erhvervsministeriets debatoplæg: De genteknologiske valg, Industriministerium, Kopenhagen 1999.

zen zwischen den Arten sind also nicht unbedingt so klar oder unumstößlich, wie wir glauben.

Neue Erkenntnisse

An dieser Stelle wollen wir in einem kurzen Exkurs einen Blick auf die Terminologie werfen, die im Zusammenhang mit dieser neuesten biologischen Entdeckung verwendet wird. Die Zellen aller Lebewesen enthalten ein komplettes Set jener Einheiten, die wir als *Gene* bezeichnen und die Aussehen und Funktion eines Organismus bestimmen. In jeder Zelle gibt viele Gene – Boten –, die von Art zu Art variieren. Jede menschliche Zelle enthält rund 100.000 Gene; pflanzliche und tierische Zellen weisen üblicherweise weniger, manche jedoch sogar mehr Gene als menschliche Zellen auf, während niedrigere Organismen deutlich weniger Gene verzeichnen. Gruppen von Genen, die miteinander verbunden sind und eine lange Kette bilden, nennt man *Chromosome*, die wiederum entweder allein ihre Funktion ausüben oder mit anderen Chromosomen interagieren. Der kollektive Begriff für alle Gene in den verschiedenen Chromosomen ist das *Genom*.

Die Gene agieren in einer bestimmten Hierarchie, wobei an oberster Stelle dieses genetischen Netzwerkes das „Regulatorgen" steht. Dieses bestimmt das Aussehen und die Zusammensetzung einer Spezies und deren Kontrollsysteme. In der Hierarchie weit oben stehende Gene bestimmen beispielsweise, wo die Gliedmaßen am Körper angeordnet sind. In der Hierarchie weiter unten angesiedelte Gene steuern die „Funktionen". Die Funktion eines einzelnen Gens kann es etwa sein, die Farbe einer Blüte zu bestimmen.

In der Vergangenheit ging man von der Annahme eines identischen Genpools innerhalb der Arten aus, auch wenn es geringfügige Abweichungen zwischen den einzelnen Individuen geben kann. Die Unterschiede zwischen den Individuen einer Spezies zeigen sich sowohl auf höherer Ebene – im Aussehen –

als auch auf niedrigerer Ebene – wo der Organismus zum Beispiel Substanzen produziert, die dafür bestimmend sind, ob das betreffende Individuum gesund sein wird oder nicht.

Noch bis vor kurzem schien es durchaus logisch, eine umfassende Gliederung der Gattungen nach Aussehen und Funktion, aufgeteilt in Haupt- und Unterkategorien, vorzunehmen. Man dachte, die Spezies würden auf alle Zeit unverändert bleiben, mit eindeutigen Unterschieden zwischen den einzelnen Gattungen. Auf diesem Verständnis beruhen botanische Klassifikationstabellen für die Flora, wo die einzelnen Pflanzen nach Blattform, Wurzelstruktur, Aussehen der Blüten, Anzahl der Staubgefäße usw. eingeteilt und Familien zugeordnet werden. Eine Liste der Kriterien für die Fauna führte dazu, dass Wale als Säugetiere und nicht als Fische eingestuft wurden, obwohl sie unter Wasser leben. Bei den höheren Arten ist diese Klassifizierungsmethode durchaus vertretbar. Durch genetische Mutation haben sich im Laufe der Zeit sehr, sehr langsam neue Arten entwickelt, wobei lediglich vorteilhafte Veränderungen, die eine Stärkung der Spezies bewirkten, vererbt und weitergegeben wurden. Dies ist, stark vereinfacht gesprochen, die anerkannte Darwinsche Sicht.

Heute wissen wir, dass niedrigere Organismen wie etwa Bakterien nicht dieselbe Stabilität aufweisen wie größere Spezies, sondern sich ständig zu neuen Formen verändern. Nur selten erfolgen diese Veränderungen durch Mutation, üblicherweise gehen vielmehr Gene eines Bakteriums spontan auf ein anderes über. Bei näherer Betrachtung stellte sich daher heraus, dass die festgelegten Grenzen, auf denen die Einteilung der Gattungen beruht, ein Trugschluss sind.

Dieser Prozess der genetischen Mischung lässt sich auch beobachten, wenn Bakterien Pflanzen angreifen und schädigen. Die Pflanzen werden durch die eindringenden Bakterien genetisch verändert, um Blasen an ihren Wurzeln zu bilden, damit die Bakterien Nahrung haben. Neue Forschungsexperimente mit Mäusen legen die Vermutung nahe, dass Gene eines Virus, das üblicherweise Bakterien angreift, in den Genpool der Maus eindringen können. Da das betreffende Virus den Organen der Maus weitgehend fremd ist, beeinträchtigt es deren Funktion nicht, es ist dies jedoch ein Beispiel für „natürliches Genspleißen". Auf genetischer Ebene ähneln Mäuse dem Menschen und es kann durchaus sein, dass ähnliche Übertragungen auch im menschlichen Körper ständig vor sich gehen. Ist dies der Fall, so hat dies, soviel wir heute sagen können, nie zu radikalen Veränderungen im Aussehen oder der Funktion der Menschheit geführt.

Die Erstellung von Genkarten

Nach diesem notwendigen Exkurs wollen wir uns wieder unserem Hauptthema zuwenden, dass es große genetische Ähnlichkeiten zwischen den einzelnen Arten gibt. Diese Ähnlichkeiten sind dadurch bedingt, dass alle Spezies aus denselben „Bausteinen" bestehen, die nur unterschiedlich zusammengesetzt werden. Dies erklärt auch, warum sich Gene zwischen Individuen derselben Gattung und über die keineswegs unumstößlichen Grenzen hinweg verschieben – oder verschoben werden.

In der Praxis wissen die Wissenschaftler bereits, wie Änderungen innerhalb einer Gattung durch traditionelle Fortpflanzung herbeigeführt werden können, und zwar durch die Kreuzung männlicher und weiblicher Blüten verschiedener Eltern einer Pflanzenfamilie. Durch die Kreuzung von Kultur- mit Wildpflanzen ist es den Wissenschaftlern gelungen, einige brauchbare Hybride hervorzubringen. Es gelang ihnen sogar, die etablierten Gattungsgrenzen zu überwinden, wie beispielsweise bei der Züchtung des Getreides *Triticale*, einer Hybridkreuzung von Roggen und Weizen. Bei der traditionellen Züchtung werden Genbündel übertragen, erst nach Beobachtung der nächsten Generation von reifen Pflanzen kann man erkennen, ob die richtige Kombination erreicht wurde, bei der die besten Eigenschaften jedes Elternteils an einige ihrer Nachkommen weitergegeben wurden. Und diese Eigenschaften müssen dann auf die nächste und übernächste Hybridgeneration weitergegeben werden. Eine Züchtung mit Hilfe dieser Methode ist ein zeitaufwendiger Vorgang.

Obwohl die Zahl der beteiligten Gene äußerst groß ist, haben die Wissenschaftler bei der Erstellung von Karten des Genpools von Menschen, Tieren, Pflanzen und niedrigen Organismen bereits große Fortschritte erzielt. Sie haben vollständige Genom-Karten von einige Bakterien erstellt und einen großen Schritt in Richtung der Erstellung eines Gesamtbildes bestimmter Pflanzen und Tiere gesetzt, die von den Forschern als „Modellgattungen" angesehen werden. Im Rahmen eines weltweit laufenden Projektes mit dem Ziel der Erstellung eines Registers aller menschlichen Gene („Human Genom Project") wurde nun von zwei Forschergruppen – einer privat und einer öffentlich finanzierten – eine erste vorläufige Beschreibung des menschlichen Genoms veröffentlicht.

Aufgrund der Tatsache, dass der Genpool über die Standardkategorien hinweg eher zur Uniformität als zu Unterschieden tendiert, ist die Erstellung der Karte für eine Spezies von beträchtlicher Hilfe für die Definition der nächsten Gattung. Die Entwicklung neuer Techniken ist rasant, wodurch immer einfachere und zuverlässigere Arbeitsweisen möglich werden.

In diesem Buch geht es vorwiegend um den potenziellen Einsatz der Gentechnik bei der Züchtung landwirtschaftlicher Nutzpflanzen. Aber genetische Modifikation ist nur eine der Methoden, die unter dem Sammelbegriff moderne Biotechnologie zusammengefasst und auf Seite 87–88 aufgelistet werden.

Gentechnik in der traditionellen und der modernen Pflanzenzucht

Die neuen Entdeckungen im Bereich der Gentechnik stellen, wenn sie in Verbindung mit konventionellen Züchtungsmethoden eingesetzt werden, ein hervorragendes Instrument dar, um Pflanzen mit gewünschten Eigenschaften zu entwickeln.

Mit Hilfe von Genkarten kann bereits in einem sehr frühen Stadium des neuen Triebes gesehen werden, ob die beabsichtigte Gen-Kombination erreicht wurde. Die gewünschten neuen Pflanzensorten werden mittels Gewebekulturen aus einzelnen Zellen gezogen und deutlich früher als bei der traditionellen Methode steht eine große Auswahl zum Austesten zur Verfügung. Auch bei der Selektion der am besten für solche Kreuzungsexperimente geeigneten Elternpflanzen bringt die Verwendung von Genkarten große Vorteile und spart Zeit.

Und dies ist der augenblickliche Stand der Dinge: Das Wissen um die Eigenschaften der Gene und ihren Platz im Genom der Zelle wächst rasch. Bei rangniedrigeren Genen, die allein einfache Funktionen erfüllen, lassen sich diese Kenntnisse auf unterschiedliche Weise anwenden:

- Bereits in einem Organismus funktionierende Gene können dahingehend verändert werden, dass die Wirkung eines Gens ausgeschaltet oder durch die Erhöhung der Anzahl der Gene verstärkt wird. Ein Beispiel dafür ist die Auswirkung der „Ausschaltung" des Gens, das für die rasche Reifung einer Frucht verantwortlich zeichnet und dadurch den Transport erschwert.
- Ein Gen eines Organismus kann auf einen anderen Organismus derselben Gattung übertragen werden. So kann beispielsweise ein Geschmacksgen einer wilden Tomate auf Zuchttomaten übertragen werden.
- Ein Gen eines Organismus kann in den Organismus einer ganz anderen Spezies eingeschleust werden. Das für die Salzwasserverträglichkeit des Mangrovebaumes verantwortliche Gen kann beispielsweise in Reispflanzen übertragen werden. Diese Form der genetischen Veränderung wird als *Transgenetik* bezeichnet, da sie über eine bestimmte Gattung hinausgreift.
- Man hat die Theorie aufgestellt, dass die meisten Organismen – alle, mit Ausnahme der allereinfachsten – in ihren Genen einen vollständigen Satz aller biologischen Attribute

enthalten, wobei jedoch nicht alle Gene aktiviert sind. Wenn diese „stillen" Gene nun zu einer Interaktion mit den übrigen Genen des Organismus angeregt werden könnten, wäre es möglich, alle Funktionen auszuüben, ohne Gattungsgrenzen überschreiten zu müssen. Eine Kartoffel könnte dann beispielsweise mit der Fähigkeit der Frostresistenz ausgestattet oder ihr Geschmack und ihre Lagerfähigkeit verbessert werden, ohne dass dabei Gene einer anderen Spezies ins Spiel gebracht werden müssten.

Die diesem Genspleißen zu Grunde liegende Technologie wurde durch die Beobachtung und Anwendung von biologischen Vorgängen entwickelt, die beim in der Natur vorkommenden Genspleißen beteiligt sind. Beim ersten erfolgreichen, 1972 in den Vereinigten Staaten durchgeführten Experiment wurde ein Gen aus einem Organismus entfernt und einem anderen eingesetzt. Dänemark beispielsweise griff dieses Verfahren rasch auf, und zwar zunächst in der pharmazeutischen Industrie, wo menschliches Insulin zur Behandlung von Diabetes – im Gegensatz zu dem von Tieren stammenden Insulin – aus genetisch veränderten Mikroorganismen gewonnen wurde, die in geschlossenen Tanks aufbewahrt wurden.

1994 kam das erste genetisch veränderte Produkt in die Regale amerikanischer Supermärkte: eine langsamer reifende Tomate. Aus Sicht der Produzenten schien dies eine ausgezeichnete Idee, das einträgliche Geschäft blieb jedoch aus. Seit damals wurden jedoch mit anderen Produkten durchschlagende Erfolge erzielt.

Für die Isolation eines Gens aus einem Organismus stehen verschiedene Techniken zur Auswahl. Aber ungeachtet der angewandten Technik ist das Gen stets an ein Bakterium gebunden, da es isoliert weder seine Funktion ausüben noch überleben kann. An dieses Gen wird ein weiteres Gen angehängt, das im späteren Verlauf des Prozesses leicht erkennbar ist und als *Markergen* bezeichnet wird. Dieses „Genpaket" wird dann vervielfältigt, um genügend Kopien zur Hand zu haben.

Das isolierte Gen muss nun in den Organismus eingeschleust werden, in dem es seine Funktion ausüben soll. Um von diesem Organismus reproduziert zu werden, muss das Gen in den Samen oder die Pollen eingeführt werden. Auch hier kann man wieder zwischen mehreren Optionen wählen. Es kann in ein Bakterium jenes Typs eingebaut werden, der sich auf „natürliche Weise" mit den Wurzeln der Pflanzen verbindet ohne dem neuen Organismus zu schaden. Das neue Gen wird dann durch die Zellwand transportiert, um mit den anderen Genen des Organismus zusammenzutreffen. Man kann es auch mit einem *Genkanone*, in deren mikroskopisch kleine Kugeln das Gen eingeführt wurde, im wahrsten Sinn des Wortes in die Zelle schießen. Diese Kugeln funktionieren genauso wie ein Bakterium, das durch die Zellwand dringt.

Diese Methoden funktionieren aber keineswegs immer und neue Gene mit Hilfe der gängigen Technologie zu spleißen, ist eine Aufgabe, die viel Geduld erfordert. Das an das eingeschleuste Gen angehängte Markergen dient der Überprüfung, ob das Spleißen erfolgreich war.

Abwägen der Risiken für die menschliche Gesundheit

Damit kommen wir zum Kern des Problems dieser neuen Technologie. Bei einer der Standardmethoden zur Identifizierung einer genetisch veränderten Zelle bedient man sich eines Markergens, das gegen jene Medikamente resistent ist, mit deren Hilfe wir Infektionskrankheiten bekämpfen – Antibiotika. Wenn nun also den in dem Genveränderungsexperiment verwendeten Organismen Antibiotika zugeführt werden, werden nur jene Organismen überleben, die das Markergen enthalten; der Rest ist wertlos. Bleibt das Markergen aber Teil des neuen Organismus – einer Pflanze beispielsweise –, so wird diese Pflanze in Hinkunft, so wie viele Bakterien, resistent gegenüber Antibiotika sein.

Obwohl es im Zusammenhang mit dem Verzehr dieser Pflanze durch Menschen oder Tiere keinerlei Hinweis auf Probleme gibt, kann die Möglichkeit einer Weitergabe dieser Resistenz nicht gänzlich ausgeschlossen werden. Für den Antibiotika-Marker entschied man sich deshalb, weil die Forscher damit leicht im Labor arbeiten konnten; inzwischen haben sie ihre Wahl aber bereits bedauert. Dieses Dilemma lässt sich auf unterschiedliche Weise lösen, wobei die naheliegendste darin besteht, andere Markergene zu entwickeln. Wissenschaftlern in vielen Ländern ist es gelungen, harmlose Marker auf der Grundlage von Kohlenhydraten zu entwickeln, die auf natürliche Weise in pflanzlichen und menschlichen Zellen vorkommen,[2] und die Forscher sind auf dem besten Wege, weitere Marker zu entwickeln. Eine andere Möglichkeit der Lösung dieses Problems ist die Entfernung des Markers nach erfolgter Geneinschleusung und diese Methode wird heute auch angewandt.

Ein weiterer strittiger Punkt ist die Transfermethode. In diesem Zusammenhang sei unterstrichen, dass genetische Veränderung auf der einen Seite im Vergleich zur konventionellen Züchtungsmethode, wo Gene in wahllosen Bündeln übertragen werden, eine sehr präzise Technik darstellt. Darüber sind sich die Wissenschaftler im Allgemeinen einig. Auf der anderen Seite sind der Genauigkeit insofern Grenzen gesetzt, als das übertragene Gen nach dem Zufallsprinzip in die Genkette eingefügt wird und es keine Möglichkeit gibt, im Vorhinein genau zu wissen, wie dieses mit den Tausenden anderen Genen interagieren wird.

Demgegenüber könnte man einwenden, dass dies bei der Kreuzung von Pflanzen stets der Fall war. Daher wurden neue Pflanzenvarianten auch immer über längere Zeit im Labor und auf Versuchsfeldern getestet, bevor man mit Sicherheit sagen konnte, dass sie das gewünschte Ergebnis brachten. Sie müssen über mehrere Wachstumsperioden hinweg zeigen, dass sie

---

[2] Scientists Weed Danger out of GM Crops, Times of London, 16. November 1999.

neue Eigenschaften zu bieten haben, sich gleichmäßig entwickeln und naturverträglich sind. Die für genetisch veränderte Nutzpflanzen erlassenen Sicherheitsvorkehrungen sind deutlich strenger als jene für neue Pflanzensorten, die nach der traditionellen Methode gezüchtet werden. In einem ersten Schritt werden nach einer Veränderung Anbauversuche in geschützten Glashäusern durchgeführt, bei denen die Pflanzen nach strengen, behördlich festgelegten Vorschriften unter anderem auf eine Reihe von Inhaltsstoffen und Allergenen getestet werden. Diese richten sich in den Ländern der europäischen Union nach gemeinsamen EU-Standards. Im Wesentlichen geht man bei den Testverfahren von der Prämisse aus, dass die neuen Pflanzen den früheren, bekannten Sorten entsprechen – mit Ausnahme jenes isolierten Bereiches, in dem eine Veränderung beabsichtigt wurde.

Verlaufen die Versuche in der Isolation problemlos und wurde das gewünschte – und nur dieses – Ergebnis erzielt, so können die Behörden die Bewilligung für Versuche auf Testparzellen erteilen, um das Verhalten der Pflanze und deren Verträglichkeit mit den umliegenden Feldern und der Umgebung zu prüfen. Verlaufen auch diese Versuche zufriedenstellend, können die Wissenschaftler um die Bewilligung ansuchen, die Pflanze auf landwirtschaftlich genutzten Flächen anzubauen. Eine entsprechende Genehmigung wird zunächst für einen Versuchszeitraum von sieben Jahren gewährt. In den meisten europäischen Ländern haben die Unternehmen noch nicht das Stadium erreicht, genetisch verändertes Saatgut an Bauern zu verkaufen. Innerhalb der Europäischen Union wurde die Bewilligung für die Erzeugung von gentechnisch veränderten Pflanzen nur in einigen wenigen Fällen erteilt; derzeit wird nur eine begrenzte Menge derartiger Nutzpflanzen gezüchtet. Auch die Einfuhr von mittels genetisch veränderten Pflanzen erzeugter Produkte und Rohmaterialien in EU-Mitgliedsländer wurde bewilligt.

Es herrscht allgemeine Übereinstimmung, dass derart strenge Genehmigungsverfahren durchaus sinnvoll sind, und im

Zuge dieser Verfahren wurden auch eine Reihe von Fehlern aufgedeckt. Das bekannteste Beispiel sind jene Sojabohnen, denen zur Steigerung des Ölgehalts ein Gen von brasilianischen Nüssen eingesetzt wurde. Aber brasilianische Nüsse rufen bei einigen Menschen eine allergische Reaktion hervor. Glücklicherweise waren sich die Forscher dieses möglichen Nebeneffekts bewusst und führten entsprechende Tests durch um zu sehen, ob dieses Allergen auf die Sojabohnen übertragen worden war. Als sich herausstellte, dass dies der Fall war, wurden die Glashaustests abgebrochen, auch wenn die Sojabohnen lediglich als Tierfutter entwickelt worden waren. Manche sehen darin den Beweis, dass die Sicherheitsvorkehrungen greifen. Für andere wiederum wird an diesem Beispiel deutlich, welches Risiko die genetische Veränderung von Nutzpflanzen für den Verzehr durch Menschen mit sich bringen könnte.

Einerseits scheinen die Sicherheitsvorkehrungen durchaus berechtigt, und sei es lediglich aufgrund der Ängste, die genetisch veränderte Nutzpflanzen hervorrufen. Andererseits hat die Variantenvielfalt, die üblicherweise bei den verschiedenen Bestandteilen aller Nutzpflanzen vorkommt, früher nie große Aufmerksamkeit erregt. Wie ein Forscher es formulierte: „Es wäre interessant, eine Vergleichsanalyse von konventionell bzw. ökologisch gezüchteten und genetisch veränderten Zuchtpflanzen durchzuführen. Derartige Studien können aber sehr teuer sein und es stellt sich die Frage, ob wir derartige Informationen wirklich brauchen."[3] Ein mit dem Genehmigungsverfahren für gentechnisch veränderte Nutzpflanzen befasster amerikanischer Wissenschaftler ist in seiner Beurteilung noch kategorischer: „Die Allergietests sind so umfangreich, dass die meisten unserer Nahrungsmittel sie nie bestehen würden."[4]

---

[3] Birger Lindberg Møller, Genteknologiens betydning for fremtidens fødevareproduktion, in: Gensplejsede fødevarer, Teknologirådet, Kopenhagen 1999.

[4] Samuel B. Lehrer, Potential Health Risks of Genetically Modified Organisms: How Can Allergens Be Assessed and Minimized, in: G. J. Persley und M. M. Lantin (Hgg.), Agricultural Biotechnology and

Obwohl beide Wissenschaftler nicht das Geringste gegen die Anforderungen an genetisch veränderte Nutzpflanzen einzuwenden haben, weisen sie darauf hin, dass die konventionelle und ökologische Landwirtschaft ihrem Ermessen nach auch ohne ausgefeilte Screening-Systeme der menschlichen Gesundheit keinen merkbaren Schaden zugefügt habe.

Die Diskussion über die vergiftete Ratte

Nach der Veröffentlichung der Ergebnisse der von Dr. Arpad Pusztai, einem Wissenschaftler an einem öffentlich finanzierten Institut in Schottland, durchgeführten Experimente flammte die Diskussion rund um den gesundheitlichen Aspekt Ende 1998 mit einem Mal wieder auf und hielt die erste Hälfte des Jahres 1999 an. Pusztai vertrat die Ansicht, dass seine Erkenntnisse über die Auswirkungen genveränderter Kartoffeln auf Ratten einen derartig schlüssigen Beweis für die Gefahren genetischer Veränderung lieferten, dass er seine Zwischenergebnisse – entgegen der üblichen wissenschaftlichen Praxis – an die Presse weitergab. In den darauf folgenden Tagen eskalierte die Angelegenheit und wuchs sich zu einem regelrechten öffentlichen Skandal aus, als Pusztai zunächst zu seiner Arbeit beglückwünscht und dann von seinem Arbeitgeber suspendiert wurde. In weiten Kreisen bezichtigte man die Regierung eines Justizirrtums, mit der Begründung, Pusztai sei nicht aufgrund der vorzeitigen Bekanntgabe seiner Erkenntnisse gefeuert worden, sondern weil sich seine negativen Erkenntnisse über genveränderte Nutzpflanzen auf die Regierung und private Unternehmen ungünstig auswirken könnten. Nach Durchsicht aller Aufzeichnungen veröffentlichte das Institut, an dem Pusztai beschäftigt war, eine Stellungnahme, derzufolge seine Schlussfolgerungen nicht stichhaltig und die Veröffentlichung seiner Erkenntnisse daher unverantwortlich gewesen sei.

---

the Poor, Consultative Group on International Agricultural Research, Washington, D. C., 2000.

Bei seinen Experimenten hatte Pusztai eine in der Blüte des Schneeglöckchens vorkommende, Insekten abwehrende Substanz in Kartoffeln eingeschleust, um dort dieselbe Resistenz gegen Insekten zu induzieren, selbstverständlich ohne die Kartoffeln dadurch für Tiere oder Menschen giftig zu machen. Als er in der Folge Ungereimtheiten bei den Auswirkungen auf die Organe und das Wachstum von Ratten beobachtete, die offensichtlich nicht nur auf das Vorhandensein von Toxinen zurückgeführt werden konnten, zog er die Schlussfolgerung, dass die Schädigung durch die genetische Veränderung als solche verursacht worden war.

Beunruhigt durch diese Berichte veranlasste das zuständige wissenschaftliche Gremium, die Royal Society, die Bildung eines Untersuchungsausschusses, der sich einige Monate eingehend damit beschäftigte, die Forschungsergebnisse aus den verschiedensten Blickwinkeln zu untersuchen. Im Frühling 1999 veröffentlichte der Ausschuss seine Erkenntnisse in einem Bericht, in dem sowohl die Qualität der Arbeit als auch zahlreiche der angewandten Methoden kritisiert wurden. In dem Bericht wurde festgestellt, dass es keinerlei Grundlage dafür gibt, irgendwelche Schlussfolgerungen aus dieser Studie zu ziehen.[5] Als Pusztais Arbeit schließlich in einer wissenschaftlichen Zeitschrift veröffentlicht wurde, protestierten die wissenschaftlichen Berater der Zeitschrift daher entrüstet, dass sie nicht verstünden, wie ein Artikel von so fragwürdiger Qualität durch das übliche Sicherheitsnetz von Expertengutachten aus dem jeweiligen Bereich durchrutschen konnte.

Ein britischer Kritiker wies auch darauf hin, dass ein genetisch verändertes Produkt, das die in diesen alarmierenden Berichten angedeuteten Auswirkungen gezeigt hätte, bereits während des Screening-Prozesses ausgesondert worden und daher nie über das Laborstadium hinaus gelangt wäre.

---

[5] The Royal Society, Review of Data on Possible Toxicity of GM Potatoes, in: Promoting Excellence in Science, www.royalsoc.ac.uk, Zugriff am 8. Mai 1999.

Abwägen des Umweltrisikos

Der Gesundheitsaspekt ist aber nur ein Faktor in der Diskussion um die Zulässigkeit von genetischer Veränderung in der Landwirtschaft. Eine andere Argumentationslinie zielt auf das Verhalten der neuen Pflanzen und deren Verträglichkeit mit der jeweiligen Umwelt ab, sei es bebautes Land oder naturbelassene Landschaft. In dieser Diskussion werden Probleme angesprochen, die auf viele Aspekte der modernen Pflanzenzüchtung zutreffen und daher keine Besonderheit von gentechnisch veränderten Pflanzen darstellen. Dabei geht es zum Teil um generelle Fragen in Bezug auf die Endprodukte der neuen Technologie und zum Teil um spezifische Fragen hinsichtlich jener wenigen Pflanzen, die bis jetzt entwickelt wurden und in mehreren Ländern, vor allem außerhalb der Europäischen Union, weit verbreitet verfügbar sind.

Das Ziel bei der Züchtung genetisch veränderter Pflanzen ist – aus wissenschaftlicher Sicht – dasselbe wie bei der Pflanzenzüchtung nach traditionellen Methoden: die Bereitstellung neuen Pflanzenmaterials mit besserer Qualität und höheren Erträgen zu geringeren Kosten. Bislang verstand man darunter geringere Kosten für die Bauern, wobei die Betonung auf „kostengünstig" lag. Als Folge konzentrierte man sich in der industriellen Landwirtschaft auf zwei positive Eigenschaften der neuen Pflanzen: einfachere Unkrautbekämpfung und geringere Ausgaben für das Spritzen mit Pestiziden. Die Diskussion um die Auswirkungen auf die Umwelt wurde weitgehend von diesen Vorteilen bestimmt.

Unkrautbekämpfung

Wissenschaftler haben eine Reihe von Wildpflanzen ermittelt, die mit einer natürlichen Resistenz gegen Chemikalien ausgestattet sind, denen Pflanzen üblicherweise nicht standhalten können. Das Resistenzgen dieser Pflanzen wurde auf Nutzpflanzen wie Mais, Sojabohnen, Rüben, Baumwolle und Raps übertragen. Wenn die Bauern nun die gentechnisch veränderten Pflanzen aussäen, können sie chemische Unkrautvertilgungsmittel spritzen ohne diese zu schädigen, während das Unkraut verwelkt und abstirbt.

Verschiedene Unternehmen haben neue Pflanzen dieser Art entwickelt – dieselben Unternehmen, die auch universelle Unkrautvertilgungsmittel oder *Herbizide* produzieren, wie diese Chemikaliengruppe genannt wird, gegen die die betreffenden Pflanzen resistent sein sollen. Der multinationale Konzern Monsanto beispielsweise erzeugt das Herbizid „Roundup" und vermarktet unter der Markenbezeichnung „Roundup Ready" gleichzeitig Mais, Runkelrüben und Rapssamen. Saatgut und Chemikalien gehen dabei Hand in Hand: eines ohne das andere macht wenig Sinn. Das Besondere an dieser ersten Generation von genetisch veränderten Nutzpflanzen liegt darin, dass die Gene in Sorten eingeschleust werden, die den Bauern bereits als verlässlich bekannt sind, sodass die genveränderte Variante ausschließlich deshalb gewählt wird, weil sie die Arbeit der Bauern erleichtert und billiger macht.

Für „Roundup" oder ähnliche von anderen Unternehmen produzierte Marken spricht, dass sie schnell abgebaut werden und daher häufig zu jenen in der Landwirtschaft eingesetzten Chemikalien gezählt werden, die die stärkste Akzeptanz finden. Als diese Art von Unkrautvertilgungsmitteln erstmals als Standardherbizide auf den Markt kam, wurde dies dann auch tatsächlich umweltpolitisch als Schritt in die richtige Richtung bejubelt – konnten so doch einige wesentlich schädlichere Chemikalien ersetzt werden. Wenn Gärtner unbedingt ihre Wege mit Unkrautvertilgungsmitteln spritzen wollten, konnten sie dies mit Hilfe dieser neuen, schwächeren Herbizide nun guten Gewissens tun. In letzter Zeit ist die allgemeine Einstellung gegenüber den Langzeiteffekten von jeglichem Herbizideinsatz allerdings zurückhaltender geworden und dies hat auf die genetisch veränderten Pflanzen abgefärbt.

Betrachtet man die toxischen Auswirkungen jedoch isoliert, so zeigt sich, dass gentechnisch veränderte Nutzpflanzen gewisse Vorteile gegenüber konventionell gezüchteten aufweisen. Bei Letzteren muss der Boden vor der Aussaat intensiv bearbeitet werden um zu verhindern, dass Unkrautsamen aufkeimen. Während der Wachstumsperiode müssen die Pflanzen mehrmals mit unterschiedlichen Herbiziden gespritzt werden, die jeweils gegen eine bestimmte Art von Unkraut wirken, wobei das Wachstum der Nutzpflanzen nicht beeinträchtigt werden soll.

Bei genetisch veränderten Nutzpflanzen ist keine derart intensive Vorbereitung des Bodens erforderlich und man kann das Unkraut keimen und eine Zeit lang wachsen lassen, bevor eine dem Unkrautproblem entsprechende Dosis des Herbizids ausgebracht wird. Das aufkeimende Unkraut ist förderlich für nützliche Insekten, Vögel und kleine Säugetiere. Und da das Herbizid auf eine dichte Schicht Unkraut fällt, wird die Gefahr des Einsickerns von Gift in den Boden verringert. Eine vom Dänischen Umweltforschungsinstitut durchgeführte Kontrollstudie an gentechnisch veränderten Rüben, die auf Versuchsfeldern gezogen wurden, trug sogar den Titel „Gentechnisch veränderte Rüben – ein Segen für die Umwelt".[6]

In der Studie wurde festgestellt, dass der Einsatz von Herbiziden im Vergleich zur traditionellen Unkrautbekämpfung um bis zu 50% zurückging, wenn die Bauern das Unkraut zuvor eine Zeit lang wachsen ließen. Und auch der Ertrag der Rüben ging nicht zurück. Für das Umweltforschungsinstitut brachten diese Untersuchungen die Bestätigung dessen, was bereits bei der Produktion von genetisch veränderten Rüben in den Glashäusern beobachtet worden war.

Dieser Aspekt der Auswirkung auf die Umwelt stellt allem Anschein nach kein großes Problem dar und steht auch nicht im Mittelpunkt der Diskussion, obwohl die jüngsten Erkennt-

---

[6] Lars From, Gén-roer gavner miljøet, Jyllands Posten (Dänemark), 6. Dezember 1999.

nisse über den Ertrag vielleicht eine gewisse Überraschung für die Kritiker von gentechnisch veränderten Pflanzen gewesen sein mögen. Der Hauptkritikpunkt setzt bei der möglichen Verbreitung der Eigenschaften dieser Pflanzen auf verwandte Wildpflanzen an. Auf diesen Punkt wollen wir zu einem späteren Zeitpunkt in diesem Kapitel noch einmal zurückkommen.

Resistenz gegenüber Insekten

Eine weit verbreitete Form von Bakterien mit vielen Varianten, bekannt als *Bacillus thurengiensis* (kurz Bt), produziert ein schwaches Gift, das auf eine kleine Bandbreite von für Nutzpflanzen schädliche Insekten wirkt. Für Insekten, die der Landwirtschaft keine Probleme bereiten oder durch die Bestäubung von Kulturpflanzen sogar nützlich sind, stellt dieses Gift dem heutigen Wissensstand nach keine Gefahr dar.

Die Vorzüge von Bt sind seit langem bekannt. Sogar in der ökologischen Landwirtschaft wird es auf die Felder gespritzt, wenn der Insektenbefall nicht mehr kontrolliert werden kann. Da es natürlich hergestellt und biologisch rasch abgebaut wird und keine schädlichen Nebenwirkungen bekannt sind, ist es auch in der giftfreien Landwirtschaft als zulässiges Pestizid anerkannt. Die Gentechnologie macht den Bauern nun den direkten und automatischen Einsatz von Bt bei Nutzpflanzen möglich, indem die Eigenschaft zur Produktion dieses Giftes in die Pflanzen selbst eingeführt wird. Internationale Saatguterzeuger haben bereits erfolgreich Mais-, Baumwoll- und Tomatensorten entwickelt, die Bt erzeugen.

So gesehen erscheint dies als großer Schritt vorwärts. Wenn Nutzpflanzen über eine eigene, eingebaute Resistenz gegenüber Schädlingen verfügen, kann man schließlich vom Einsatz universeller Pestizide absehen, die bei der konventionellen Landwirtschaft gang und gäbe sind. Aber noch immer fällt es den Kritikern schwer, die Vorteile zu sehen. Sie weisen vielmehr darauf hin, dass ein großer Unterschied zwischen einer vorübergehenden Ausbringung von Bt-Gift und einem konstanten Bt-Pegel in den Pflanzen besteht. Spritzen mit Bt verringert zwar die Schädlingspopulation, viele Insekten überleben jedoch. Bei großen Insektenpopulationen besteht kaum die Gefahr, dass gerade jene Hand voll Insekten, die eine Resistenz gegen Bt entwickelt haben, aufeinander treffen, sich paaren und ihre Resistenz an spätere Generationen weitergeben. Der mit einer konstanten Aussetzung gegenüber Bt verbundene Effekt würde jedoch eine drastische Verringerung der Insektenpopulation mit sich bringen, wodurch die Wahrscheinlichkeit steigt, dass die überlebenden Weibchen und Männchen ihre Resistenz weitervererben. Diese natürliche Auswahl der für die betreffenden Umweltbedingungen am besten geeigneten Lebewesen bildet bekanntlich die Grundlage für Charles Darwins Theorie vom „Überleben der Stärksten".

Eine derartige – auf lange Sicht sehr wahrscheinliche – Entwicklung könnte bedeuten, dass die ökologische Landwirtschaft an einem bestimmten Punkt ohne das Bt-Gift auskommen müsste. Aber Bt kommt in vielen Formen und Gestalten vor: es gibt viele Varianten dieses Giftes. Bei Bedarf könnten die Bauern auf andere Varianten übergehen, wie dies bei anderen „ausgeleierten" Eigenschaften bei der konventionellen Pflanzenzüchtung immer wieder passiert.

Es ist aber auch möglich, das Problem resistenter Insekten dadurch zu minimieren, dass Vorschriften erlassen werden, wie die Bearbeitung des Bodens zu erfolgen hat. In den Vereinigten Staaten ist ein derartiges Regelwerk bereits in Kraft; dort wird von den Farmern verlangt, dass Zufluchtsorte – Reservate – für die Insekten eingerichtet werden. Das kann beispielsweise heißen, dass die Spritzung von Nutzpflanzen in gewissen Gebieten auf ein Minimum beschränkt wird oder dass ein bestimmter Prozentsatz der Nutzpflanzen eines Farmers aus nicht gentechnisch veränderten Sorten bestehen muss. Dadurch wird die Konzentration des Giftes beschränkt und das Risiko einer Resistenzentwicklung vermindert – oder zumindest hinausgeschoben, je nachdem wie groß die als Reservate ausgeklammerten Gebiete sind. Anfang 2000 wurden diese Vorschriften von den US-Behörden verschärft, da sie in der Vergangenheit in allzu vielen Fällen auf die eine oder andere Weise umgangen wurden.

Der Wechsel von Standard-Chemikalien hin zu Bt eröffnet ein breites Feld an Möglichkeiten. In China wurde in den vergangenen vier Jahren ein Viertel der traditionellen Baumwollsorten durch Bt-Varianten ersetzt. Auf nationaler Ebene gibt es zwar noch keine statistischen Erhebungen über die Auswirkungen dieser Verlagerung, man schätzt jedoch, dass in der Provinz Hebei heute etwa eine Million Bauern Bt-Baumwolle anpflanzen. Da Baumwolle bei traditionellem Anbau äußerst schädlingsanfällig und daher in hohem Maße von Pestiziden abhängig ist, hat die Umstellung auf Bt-Varianten eine Reduktion des Pestizid-Einsatzes um 80 Prozent bewirkt. Außerdem haben sich die Lebensbedingungen für alle Insekten so stark verbessert, dass die Schädlinge, die die Baumwolle befallen, nun mit größerer Wahrscheinlichkeit von ihren natürlichen Feinden bekämpft werden, deren Zahl um 25 Prozent gestiegen ist.[7]

Bedrohung für Schmetterlinge

Alarmierende Zwischenergebnisse von Forschungsarbeiten über Bt-Nutzpflanzen wurden auch in einem Bericht veröffentlicht, von dem man sich den entscheidenden Schlag gegen die Zukunft der neuen Bt-Technologie erwartete. Im Mai 1999 berichteten amerikanische Forscher, dass sie in ihren Labors nach der Fütterung mit Pollen von Bt-Getreide an Schmetterlingsraupen ernst zu nehmende Schädigungen beobachtet hätten; viele seien sogar gestorben.

Da man bislang davon ausging, dass einer der angenommenen Vorteile der Bt-Technologie darin liege, dass sie Nütz-

---

[7] Reuters Nachrichten Dienst, GMOs seen as Asia's saviour, not Frankenstein food, 23. November 1999.

linge nicht gefährde, und die Versuche mit dem prächtigen Chrysippusfalter durchgeführt wurden, kam es zu einem empörten Aufschrei, angeführt von einer Allianz aus Umweltschutzorganisationen und Presse. In den USA erregte der Fall, der umgehend von den Medien aufgegriffen wurde, großes Aufsehen. Er fand aber auch in Europa politischen Widerhall, wo die Genehmigungen für mehrere gentechnisch veränderte Pflanzen, die zur Bewilligung eingereicht waren, eingefroren wurden.

Im Unterschied zu Pusztais Experimenten mit Kartoffeln wurde die Sache insofern etwas anders gehandhabt, als man sich darüber einig war, dass der Laborversuch *per se* auf wissenschaftlich fundierte Weise durchgeführt worden war, diese Experimente im Labor aber – wie auch die beteiligten Wissenschaftler einräumten – nur begrenzte Erkenntnisse gebracht hätten, die es noch zu vertiefen galt. Dies erfolgte dann im darauf folgenden Sommer und Herbst im Rahmen verschiedener Versuche auf Testfeldern. Die Erkenntnisse aus diesen Experimenten – die, wie es immer wieder vorkommt, bei weitem nicht dasselbe Medienecho fanden – konnten die Sorge um den Chrysippusfalter und andere Nützlinge deutlich verringern.

Da die Raupen im Labor ausschließlich mit Pollen von Bt-Getreide gefüttert worden waren, für die sie keine allzu große Vorliebe hegen, waren gewissermaßen unnatürliche Fütterungsbedingungen gegeben. In der freien Natur leben die Raupen des Chrysippusfalters fast ausschließlich von Wolfsmilch, das in der Nähe von Maisfeldern wächst. Der Pollenflug beschränkt sich jedoch in der Regel auf einen Umkreis von wenigen Metern rund um das Maisfeld und es bedürfte einer hoher Pollenkonzentration, um ein für den Chrysippusfalter schädliches Niveau zu erreichen. Die Blätter der Wolfsmilch hingegen sind so glatt, dass nicht viel Pollenstaub daran haften bleibt. In den verschiedenen Klimazonen Nordamerikas, in denen der Chrysippusfalter heimisch ist, gibt es darüber hinaus nur einige wenige Gebiete, wo sich die Schmetterlinge gerade zu der Zeit, wenn das Getreide seine Pollen ausschüttet, im

Raupenstadium befinden. Außerdem haben die Wissenschaftler darauf hingewiesen, dass die schwachen Exemplare der Raupen, die möglicherweise an Bt-infizierten Pollen zu Grunde gehen könnten, an der Unterseite der Blätter der Wolfsmilch leben, wo die Pollen nicht hingelangen.[8] In diesem Fall scheinen also weder der Chrysippusfalter noch andere nützliche Insekten unmittelbar gefährdet.

Das große Aufsehen, das dieser spezielle Fall erregte, steht in einem bezeichnenden Widerspruch zur allgemeinen Einstellung gegenüber der in der Landwirtschaft gängigen Praxis, bei der eine Vielzahl von Insekten durch konventionelle Pestizide getötet wird, die nicht zwischen Freund und Feind unterscheiden. Die strikte Verurteilung einer zielgerichteten und maßvollen Schädlingskontrolle durch Bt-Pflanzen erscheint in diesem Lichte etwas weltfremd. Mit großer Wahrscheinlichkeit überleben mehr Schmetterlinge in der Nähe von Bt-Feldern als in der Umgebung jener Felder, auf denen konventionelle Pestizide gespritzt werden.

Die Angst vor der Verbreitung von Genen

Gentechnisch veränderte Nutzpflanzen werden oft mit jenen Pflanzen oder Tieren verglichen, die entweder zufällig oder bewusst aus einem anderen Teil der Welt in ein bestimmtes Gebiet eingeführt werden. Das bekannteste Beispiel ist die Einführung von Kaninchen nach Australien, wo sie in einigen Gebieten eine regelrechte Plage darstellen. Manche Rhododendron-Arten gelten in Großbritannien als beliebte Zierpflanzen im Garten, jenseits des Gartenzaunes jedoch als widerspenstiges Unkraut. Mit gleicher Berechtigung könnte man jedoch auf die Vorzüge von Weizen und Kartoffeln oder anderen Gemüsesorten und Blumen für die europäische Landwirtschaft hinwei-

---

[8] Gene-Altered Corn's Impact Reassessed, Washington Post, 3. November 1999.

sen, die zufällig hierher kamen. Die Verpflanzung lebender Organismen von einem Ort zu einem anderen kann Probleme, aber auch viele Vorteile mit sich bringen.

Damit endet aber auch schon jede Ähnlichkeit mit derart historischen Beispielen. Heute würde niemand mehr bewusst eine neue Nutzpflanze importieren, ohne zuvor deren Eigenschaften, Anpassungsfähigkeit an die örtlichen Bedingungen, Gesundheitszustand und Verträglichkeit mit anderen Pflanzen und Tieren genau zu analysieren. Bekanntlich gibt es strenge Beschränkungen und Quarantäne-Vorschriften für die Einfuhr von Samen, lebenden Tieren und Pflanzen. Die Analyse genetisch veränderter Pflanzen durch die Behörden beruht auf denselben Überlegungen, ergänzt durch neue Anforderungen und unterstützt durch moderne hoch technologisierte Testmethoden.

Die Tatsache der engen Verwandtschaft mit bestehenden Pflanzen wirft allerdings ein weiteres Problem auf: das Risiko einer Mischung von Alt und Neu. Diese Angst ist darin begründet, dass wir wissen, wie sich landwirtschaftliche Nutzpflanzen üblicherweise fortpflanzen – durch kreuzweise Bestäubung.

Eine Reihe von Problemen

Es lässt sich ein ganzer Katalog von möglichen Stolpersteinen für gentechnisch modifizierte Pflanzen aufstellen, von Problemen, die sowohl die aktuelle Landwirtschaft als auch die Umwelt betreffen könnten. Kurz zusammengefasst könnte eine derartige Liste etwa wie folgt aussehen:

- Pollen von gentechnisch veränderten Pflanzen könnten benachbarte, nicht genetisch modifizierte Pflanzen befruchten. Ökologisch gezüchtete Nutzpflanzen und deren Samen würden dadurch „verunreinigt".
- Es könnte zu einer Verbreitung von veränderten Genen auf wild wachsende Verwandte der Pflanze kommen, wobei dieses Unkraut („Super-Unkraut", wie es genannt wird) von

jener Eigenschaft profitieren könnte, die der genetisch veränderten Pflanze hinzugefügt wurde.
- Samen, die aus einer gentechnisch veränderten Pflanze herausfallen, könnten in dem Feld überleben und in der nächsten Saison als ärgerliches Unkraut aufschießen.

Viele dieser Szenarien sind indes im Grunde nicht neu und unterscheiden sich in nichts von den Vorgängen, die bei der konventionellen Pflanzenzucht beobachtet werden können, die es sich ebenfalls zum Ziel setzt, eine Pflanze in der einen oder anderen Hinsicht zu verbessern. Auch bei diesen Pflanzen kommt es zu einer gegenseitigen Bestäubung mit engeren und weiteren Verwandten, weil dies eben die Art und Weise ist, wie Pflanzen sich reproduzieren.

Dass dieses Wechselspiel zwischen bebautem Ackerland und freier Natur oder zwischen den verschiedenen Feldern bislang noch nie Anlass zu allgemeiner Sorge bot, lässt sich dadurch erklären, dass Zuchtsorten nur selten robust genug sind, um ohne die Hilfe des Bauern in Form von Bodenbearbeitung, Unkrautbekämpfung, Düngung der Felder usw. zu überleben.

Die bei Kulturpflanzen gezüchteten besonderen agrarwirtschaftlichen Eigenschaften haben diesen nur selten einen Wettbewerbsvorteil gegenüber ihren wild wachsenden Verwandten gebracht, was erklärt, weshalb es auf den Feldern keinerlei Anzeichen von „Super"-Unkraut gibt. Jene Eigenschaften, die von genetisch verändertem Material auf Unkraut übertragen werden können, werden diesem auch nur bedingt Vorteile bringen. Die Tatsache, dass ein Unkraut in der freien Natur gegenüber einem Pestizid resistent ist, ist ja nur dann von Vorteil, wenn es an einem Ort gedeiht, wo gespritzt wird, und daher ist es auch nicht sehr wahrscheinlich, dass diese Eigenschaft durch Kreuzung mit der wilden Population weitergegeben wird, da das übrige Unkraut am selben Ort gleichermaßen gut gedeiht. Eine Resistenz gegenüber Insekten ist ein großer Vorteil, wenn das Insektenproblem besonders signifikant ist.

Solcherart potenzielle Probleme werden auch dort in Schach gehalten, wo landwirtschaftliche Pflanzen von anderswo eingeführt werden und es keine wild wachsenden Verwandten gibt, die sie bestäuben können. Wo es jedoch in der freien Natur vorkommende Verwandte von gentechnisch veränderten Nutzpflanzen gibt, könnte eine gegenseitige Befruchtung möglicherweise negative Auswirkungen zeitigen.

Weitere Eigenschaften gentechnischer Veränderung

Das allgemeine Interesse richtete sich – mit gutem Grund – auf genetisch veränderte Pflanzen, die resistent gegen Herbizide sind und ohne Pestizide auskommen. Ihnen widmete man die meiste Zeit und die größten Anstrengungen – und die Ergebnisse außerhalb von Europa sind überwältigend.

Die Farmer in den USA begrüßten die neuen Technologien mit offenen Armen und die drei wichtigsten gentechnisch veränderten Nutzpflanzen – Mais, Sojabohnen und Raps – eroberten von 1997 bis 2000 zwischen 25 und 50 Prozent des Marktes. Knapp hinter den USA folgen Kanada und Argentinien, vor allem bei Mais und Sojabohnen; in Mexiko und Südafrika werden die Zahlen derzeit erhoben. Die große Unbekannte ist China. Die aktuellen Zahlen werden wie ein „Staatsgeheimnis" gehütet, aber Statistiken aus einigen Provinzen über bestimmte Nutzpflanzen wie Tabak und Baumwolle weisen darauf hin, dass China all seine Energien darauf konzentriert, auf gentechnisch veränderte Nutzpflanzen umzustellen. Wahrscheinlich werden schon bald die ersten gentechnisch modifizierten Reispflanzen auf den Feldern der chinesischen Bauern auftauchen.[9]

---

[9] Clive James, Trangenic Crops Worldwide: Current Situation and Future Outlook, Beitrag auf der Konferenz Agricultural Biotechnology in Developing Countries: Toward Optimizing the Benefits for the Poor, Zentrum für Entwicklungsforschung (ZEF), Bonn, 15.–16. November 1999.

Die großen Saatgutproduzenten haben es sich zur Aufgabe gestellt, die Arbeit der Bauern zu erleichtern, ihre Produktionskosten zu senken und das in die Forschung investierte Geld wieder hereinzubringen. Bislang waren sie dabei recht erfolgreich. Ein Ziel war es aber auch, die giftigen Rückstände in den landwirtschaftlichen Produkten zu verringern – nicht bis zu dem in der ökologischen Landwirtschaft erreichten Niveau, aber es sollten doch echte Verbesserungen erreicht werden, die die Konsumenten beruhigen.

Eine wichtige Nebenwirkung dieser einfacheren, billigeren Form der Landwirtschaft besteht darin, dass die Umweltbelastung – mancherorts sogar beträchtlich – verringert wird. Dies muss auch als Vorteil für die Konsumenten gesehen werden. Und jene Produkte, die bereits perfektioniert wurden oder kurz vor ihrem Einsatz in der Landwirtschaft stehen, dürften noch ganz andere Vorzüge bieten als die erste Generation.

Ein Vorteil, der gerne übersehen wird, liegt im höheren Ertrag. Auf diesem Gebiet wird intensiv weitergearbeitet, entweder direkt durch eine gesteigerte Leistung der Pflanzen, d. h. höheren Ertrag bzw. größere Samen oder Früchte, oder indirekt durch eine Begrenzung der Verluste, was – vor allem in den Entwicklungsländern – den Unterschied zwischen einer möglichen und der tatsächlichen Ernte ausmachen kann.

Die Wissenschaft verfügt heute über die Möglichkeit, verschiedene Eigenschaften durch genetische Veränderung zu kombinieren und die ersten Pflanzen, die resistent gegen Unkrautvertilgungsmittel sind und Insekten von sich aus bekämpfen, dürften bald Wirklichkeit werden. Eine dieser Pflanzen ist die Kartoffel, die den Colorado-Käfer abwehrt, der eine ganze Kartoffelernte vernichten kann.

Den Wissenschaftlern ist es auch gelungen, auf konventionellem Wege Pflanzen zu züchten, die resistent gegen zahlreiche landwirtschaftliche Schädlinge und Krankheiten sind. Virusinfektionen konnten in der Mehrzahl mit den bislang eingesetzten Methoden indes nicht bekämpft werden. Und Viren können auch durch Spritzungen nicht bekämpft werden.

Die genetische Veränderung brachte hier einen echten Durchbruch, als die ersten Pflanzen mit einer eingebauten Virus-Resistenz erzeugt wurden.

Im Hinblick auf die Qualität einzelner Nutzpflanzen und die Entwicklung völlig unterschiedlicher Eigenschaften bei den verschiedenen Sorten ein und derselben Nutzpflanze haben uns die konventionellen Züchtungsmethoden auch einen guten Schritt weiter gebracht: So wurden beispielsweise Weizensorten entwickelt, die sich besonders zum Backen eignen, während andere vor allem bei Teigwaren gute Ergebnisse bringen. Mit Hilfe der konventionellen Technologie wurden große Fortschritte bei der Verbesserung des Ertrags von Pflanzen unter schwierigen Anbaubedingungen erzielt, wie etwa bei geringen Niederschlagsmengen oder auf Böden mit einer ungünstigen chemischen Zusammensetzung.

Drastische Verbesserungen wurden auch bei der Fähigkeit der Pflanzen erreicht, die Bodennährstoffe möglichst effektiv zu nutzen. Weizen beispielsweise vermag dem Boden heute so viel mehr Nährstoffe zu entnehmen, dass Bauern bei den besten Sorten und gutem landwirtschaftlichem Know-how heute bei gleich bleibendem Ertrag nur mehr ein Fünftel der Menge an Stickstoffdünger zusetzen müssen. In den 1950er- und frühen 1960er-Jahren brauchte man bei den hoch wachsenden Weizensorten fast 400 Kilo Stickstoff, um einen Ertrag von fünf Tonnen zu erzielen. Diese Menge konnte bei den Mitte der 1980er-Jahre entwickelten Sorten allmählich bis auf 75 Kilo Stickstoff gesenkt werden.[10]

Zu den positiven Ergebnissen der genetischen Veränderung zählen Verbesserungen bei den Eigenschaften bestimmter Pflanzensorten. Die ersten Sorten von Rapssamen, die ein gesünderes Öl enthalten, erscheinen gerade auf dem Markt. Süßere Tomaten und Erdbeeren wurden entwickelt sowie Kartoffeln mit einem höheren Stärkegehalt. Derartige Produkte bie-

---

[10] CIMMYT, Genetic Variations among Major Bread Wheats in the Developing World, in: CIMMYT World Wheat Facts and Trends 1995/96, Mexico City: CIMMYT, 1996.

ten den Konsumenten in den Industrieländern eine noch größere Auswahl aus einer ohnedies schon im Überfluss vorhandenen Palette an Obst und Gemüse – eine Nachfrage nach diesen Gütern natürlich vorausgesetzt.

Es werden auch verstärkte Anstrengungen unternommen, um Eigenschaften zu verbessern, die im besonderen Interesse der Entwicklungsländer liegen. Die typische Ernährung der Armen in einem Entwicklungsland ist oft unausgewogen, wobei Getreide und Wurzelgemüse den Hauptanteil ihrer täglichen Ernährung bilden. Wird diese Ernährung nur selten durch Gemüse oder Fleisch ergänzt, kommt es zu einem Mangel an Mikronährstoffen und Vitaminen. Die Verwendung von Nahrungsergänzungen zum Defizitausgleich – beispielsweise Vitaminpillen –, wie wir dies im Westen tun, ist für die Armen in den Ländern der Dritten Welt kein gangbarer Weg, da derartige Zusätze zu teuer und in ländlichen Gebieten oft zu schwierig zu verteilen sind. Wissenschaftler an nationalen und internationalen öffentlichen Forschungseinrichtungen arbeiten daher an der Züchtung von Nutzpflanzen mit einem höheren Gehalt an den fehlenden Nährstoffen.

Mit Hilfe konventioneller Methoden wurden bereits beträchtliche Erfolge dabei erzielt, den Eisengehalt bei Getreidesorten wie Reis, Mais und Weizen, die eine zentrale Stellung in der täglichen Nahrung in den meisten Entwicklungsländern einnehmen, zu erhöhen. Gearbeitet wird auch an einer Verbesserung von Bohnen und Maniok. Bei diesen Pflanzen wie auch bei den Getreidesorten wird der Zink-, Vitamin-A- und Eisengehalt wissenschaftlich untersucht. Die Erkenntnisse scheinen viel versprechend, bis vor kurzem mussten die Forscher jedoch noch all diese Nährstoffe nacheinander überprüfen. Da es keine Reispflanze gibt, die Vitamin A im Reiskorn enthält, ist es mit traditionellen Methoden, wie der Kreuzung, beispielsweise nicht möglich, Vitamin-A-hältigen Reis zu entwickeln.

Einen Aufsehen erregenden Durchbruch bedeutete es, als es Wissenschaftlern nun im Labor gelang, Reispflanzen mit Hilfe der Gentechnologie mit Vitamin A und mehr Eisen anzureichern. Auf diesem Gebiet bleibt allerdings noch viel zu tun, da die bei den Versuchen verwendete Reissorte zwar leicht zu handhaben, aber nicht unbedingt sehr verbreitet ist und darüber hinaus lässt die neue Reissorte sowohl in Bezug auf den Geschmack als auch das Aussehen noch einiges zu wünschen übrig. Dennoch zeigt dieses Projekt, dass durch die laufenden Forschungsarbeiten mit Hilfe der Gentechnologie noch große – und nicht nur überflüssige – Verbesserungen erreicht werden können.

In einem anderen Bereich bemüht man sich um die Entwicklung von Pflanzen, die mit weniger Wasser auskommen und auf Böden gedeihen, die von Natur aus einen hohen Gehalt an Metallen wie etwa Aluminium aufweisen, was auf weite Gebiete der Savanne in Afrika und Südamerika zutrifft. Hier könnte ein Durchbruch weite Landstriche für den Anbau von Getreide öffnen. Auf lange Sicht würde dies nicht nur die Produktion von Nutzpflanzen steigern, sondern auch die Belastung für die allzu intensiv genutzten Hang- und Hügellagen verringern.

Wie schon zuvor erwähnt läuft derzeit ein Projekt, das sich mit der Entwicklung einer Reissorte beschäftigt, die eine Überflutung mit Salzwasser toleriert. Dabei werden dem Reis Gene von salzverträglichen Mangrovebäumen eingepflanzt, die in den Küstengebieten der Tropen wachsen. Weitere Experimente zielen darauf ab, eine Verbesserung der Nährstoffaufnahme der Pflanzen aus dem Boden zu erreichen, um die erforderlichen Düngemengen zu verringern. Diese Forschungsarbeiten sind deshalb so wichtig, weil überschüssiger chemischer Dünger sowohl in den Industrie- als auch in einigen Entwicklungsländern manchmal in das Grundwasser sickert und damit die Wasserversorgung beeinträchtigt. Die in den Entwicklungsländern nur begrenzt vorhandene Menge an organischem Dünger, wie Gründünger oder Tiermist, würde länger reichen.

Hülsenfrüchte können den Stickstoff aus der Luft in Ammonium und Nitrate umwandeln. Damit erhöht sich der Nährstoffgehalt sowohl der Pflanzen als auch des Bodens. Wenn

Bauern daher Leguminosen wie Erbsen oder Bohnen anpflanzen und die Wurzeln nach der Ernte im Boden lassen, müssen sie viel weniger chemischen Dünger oder Dung ausbringen. Die Bauern nützen diese Eigenschaft, indem sie neben den Hülsenfrüchten andere Nutzpflanzen anbauen – einjährige Pflanzen, Büsche oder Bäume – und einen jährlichen Fruchtwechsel auf den Feldern einführen.

Im Rahmen internationaler öffentlicher Forschungsanstrengungen arbeiten führende Wissenschaftler schon seit Jahren daran, die Eigenschaft von Hülsenfrüchten, Stickstoff zu „binden", auf Getreide zu übertragen. Lange Zeit hindurch war das einer jener Träume der Wissenschaftler, an die man manchmal nur schwer glauben konnte – obwohl jeder Fortschritt in dieser Richtung enorme umweltpolitische wie auch wirtschaftliche Vorteile bringen würde. Es ist zwar unwahrscheinlich, dass die Gentechnik dieses Problem schon in naher Zukunft lösen wird, die neuen Technologien ermöglichen jedoch eine viel zielgerichtetere Arbeit auf diesem Gebiet.

Große Fortschritte haben australische Wissenschaftler dabei erzielt, Pflanzen zu Produzenten von Impfstoffen gegen die häufigsten Kinderkrankheiten zu machen.[11] Ein in Tabakblättern erzeugter Impfstoff wurde bereits erfolgreich an Mäusen getestet, die innerhalb nur weniger Wochen eine Immunität gegenüber Masern entwickelten. Derzeit sind Versuche mit Affen geplant. In einem nächsten Stadium könnten diese „Impfstoff-Früchte" in Glashäusern gezogen werden, wodurch Impfprogramme billiger und effizienter würden – vor allem in den Entwicklungsländern, wo die hygienischen Bedingungen und die Lagerung von Impfstoffen und Spritzen bisweilen ein großes Problem darstellen.

Wenn wir uns diese Zukunftsvisionen vor Augen halten, erscheint es kein bloßes Hirngespinst mehr, dass es irgendwann einmal Pflanzen geben wird, die die Sonnenenergie effizienter nützen – letztlich ist diese ja die treibende Kraft bei der

---

[11] Vaccination med frugt, Politiken (Dänemark), 12. März 2000.

Umwandlung der Nährstoffe in die Rohstoffe unserer Nahrung. Die Effizienz, mit der Sonnenlicht umgewandelt wird, variiert von Pflanze zu Pflanze beträchtlich – genauso wie verschiedene Pflanzen durch zu geringe Sonneneinstrahlung bei niedrigen Temperaturen unterschiedlich geschädigt werden. Dies bestimmt dann, wie weit nördlich (oder südlich) eine Pflanze angebaut werden kann.

Einige Pflanzen wiederum, wie etwa der Bambus, wachsen so rasch, dass man sie nahezu wachsen *hören* kann. Und bestimmte Algen und Meerespflanzen, die unter Wasser gedeihen, wo das Tageslicht gefiltert wird und nur diffus durchdringt, können das vorhandene Licht bestmöglich ausnützen. Könnte diese Fähigkeit auf andere Pflanzen übertragen werden, würde dies die Produktivität sowohl in den Industrie- als auch in den Entwicklungsländern beträchtlich steigern.

Ganz allgemein kann man davon ausgehen, dass die Länder der Dritten Welt realistischerweise in zweifacher Hinsicht von der Gentechnik profitieren können: erstens durch eine Produktivitätssteigerung bis hin zum Kleinbauern und zweitens – was nicht minder wichtig ist – durch eine geringere Abhängigkeit von den Launen der Natur. Diese beiden Verbesserungen werden nicht nur jeder Bauernfamilie zu Gute kommen – wie klein die von ihr bebaute landwirtschaftliche Fläche auch sein mag –, sie sind auch von existentieller Bedeutung für die gesamte dörfliche Gesellschaft, wenn wir uns vor Augen halten, dass 70 Prozent der Armen in der Dritten Welt in ländlichen Gebieten leben. Es ist zwar richtig, dass eine kontinuierliche, ausreichende Versorgung mit Nahrungsmitteln zu niedrigeren Preisen führt, da die Kosten der Bauern aber ebenfalls sinken, steigen deren Gewinne und damit auch der Lebensstandard sowohl derer, die ausschließlich für den eigenen Bedarf produzieren, als auch jener, die den Markt beliefern.

Zur Verwirklichung einiger dieser in ferner Zukunft liegenden Möglichkeiten wird es jedoch erforderlich sein, ganze Gruppen von Genen – und nicht nur ein einziges Gen – zu identifizieren, die eine bestimmte Eigenschaft steuern, und solch komplexe Aufgaben brauchen natürlich Zeit. Das Bemerkenswerteste an der Gentechnik – und anderen Fortschritten in Wissenschaft und Technik der jüngsten Zeit, wie etwa der Informationstechnologie – ist aber vielleicht, dass diese neuen Entdeckungen und deren praktische Anwendung viel rascher erfolgten, als selbst die Begründer dieser Wissenschaft dies erwartet hätten.

Biotechnologie

Der Begriff „Biotechnologie" bezeichnet alle Methoden, die sich lebender Organismen oder Substanzen von Organismen bedienen, um ein Produkt zu erzeugen oder zu verändern, Veränderungen in Pflanzen oder Tieren zu bewirken oder Mikroorganismen für spezielle Zwecke zu entwickeln. Die moderne Biotechnologie umfasst eine Reihe von Techniken und Methoden. Die Molekularbiologie, die all diesen Entdeckungen zu Grunde liegt, hat es in den vergangenen 60 Jahren ermöglicht, die kleinsten, grundlegendsten Einheiten in ihrer Funktion in der lebenden Zelle zu untersuchen. Eine gänzlich neue Art der Beschreibung lebender Organismen war die Folge: Lichtjahre entfernt von der alten „Schulbuch"-Methode, die sich auf Aussehen und Funktion beschränkte, reicht diese Technologie bis zum Erstellen von Karten des Genoms, dem kompletten Satz des genetischen Materials eines einzelnen Organismus. Es gibt verschiedene Techniken und Methoden – abgesehen vom Gensplei ßen –, die eine Schlüsselrolle in der modernen Biotechnologie spielen.

- Bioinformatik nennt man die Darstellung der Analysedaten des Genoms in brauchbarer Form, die eine weitere Arbeit mit diesen Daten erleichtert.
- Unter Genspleißen oder Transformation versteht man die Übertragung eines oder mehrerer Gene mit bestimmten, mutmaßlich nützlichen Eigenschaften auf Pflanzen, Haustiere, Fische oder andere Organismen.
- Die Züchtung unter Ausnützung molekularbiologischer Methoden ist eine verbesserte Form der konventionellen Züchtung von Pflanzen und Tieren. Die Bioinformatik kann als Werkzeug dienen, die Eigenschaften von Organismen ausfindig zu machen und festzustellen, sie ist eine exaktere und raschere Methode zur Selektion gelungener Exemplare zur weiteren Entwicklung – und das bereits bei der ersten Zellteilung der neuen Hybride.
- Unter Diagnostik versteht man in der Biotechnologie die Verwendung molekularer Eigenschaften bei der Untersuchung von Organismen. Die Diagnostik beschleunigt den Prozess und verbessert die Möglichkeit, pathogene und andere fremde Organismen aufzuspüren, da nicht bis zur vollständigen Entwicklung und offensichtlichen Infektion des Organismus gewartet werden muss.
- Auch die Impftechnologie bedient sich der Molekularbiologie als abkürzendes Verfahren und Werkzeug bei der Entwicklung moderner Impfstoffe.

Viertes Kapitel

Einfach mehr vom selben – was spricht dagegen?

Die Geschichte spielt im ausgehenden 19. Jahrhundert. Die dänische Häuslerfamilie sollte schon lange zu Bett gegangen sein, aber niemand kann in dieser Novembernacht ein Auge zudrücken. Es liegt Spannung in der Luft, keiner weiß, was er sagen soll. Die Mutter, deren Augen voller Tränen sind, wird von einer Nachbarsfrau getröstet. Die Kinder sitzen ängstlich eng aneinander geschmiegt auf den Bänken, die die Stubenwände entlang führen. Der Vater ist drüben in der Scheune und sieht nach dem kranken Schwein, das sie im Frühling gekauft hatten, um es bis zum Winter zu mästen. Den ganzen Sommer und Herbst war es sorgsam gepflegt und besser als jedes Familienmitglied ernährt worden: seine Schlachtung ist für sie die Garantie, den Winter zumindest mit ein bisschen Fleisch an ihren Knochen zu überstehen. Verzweifelte Stoßgebete werden gen Himmel geschickt, doch das Schwein überlebt die Nacht nicht. Die Aussichten der kleinen Familie sind düster.

Der dänische Schriftsteller Henrik Pontoppidan erzählt diese Tragödie in seiner Kurzgeschichte „Todesstoß".[1] Noch hundert Jahre später lässt diese Geschichte jeden Dänen erschauern. Außerhalb Dänemarks ist Pontoppidan kaum bekannt. Und es darf durchaus bezweifelt werden, ob heute noch viele Menschen in seinem Heimatland die Kurzgeschichten lesen, in denen er diese und ähnliche Situationen so drastisch schilderte,

---

[1] Henrik Pontoppidan, Et Grundskud aus Fra Hytterne, einer Sammlung von Kurzgeschichten, 1887.

dass die von ihm ausgelöste öffentliche Betroffenheit dazu beitrug, wichtige Reformen in die Wege zu leiten. In der westlichen Welt von heute erregen Geschichten wie jene von Pontoppidan selten viel Aufmerksamkeit. Sie sind aber heute ebenso wichtig wie damals. Millionen Familien in den Entwicklungsländern sind heute genauso verwundbar wie Pontoppidans Häuslerfamilie; sie werden von ähnlichen erschütternden Schicksalsschlägen heimgesucht. Diese Menschen befinden sich in einer schrecklichen Lage und dennoch löst diese weit verbreitete Tragödie in unseren Breiten nur wenige Kommentare geschweige denn große Betroffenheit aus. Es läuft doch alles gut – oder etwa nicht?

Das Unglück mehr oder weniger in Schach halten

Es gibt viele Arten, die Realität der Dritten Welt zu schildern. Die Medien entscheiden sich zumeist für Sensationsberichte. Wir werden daher lediglich über seltenere Ereignisse wie katastrophale Ernteausfälle, Hilfsaktionen bei Hungersnöten oder Luftbrücken informiert – eindeutige, klar umrissene Vorkommnisse also, wie dramatisch sie für jene vor Ort auch immer sein mögen. Es sind jedoch stets Situationen, die von der Normalität abweichen, und im Gegensatz dazu stellen wir uns den Alltag wohl geordnet und ganz erträglich vor.

Hilfsorganisationen appellieren an uns in gleicher Weise: Irgendwo auf der Welt sind die Dinge aus den Fugen geraten, es muss etwas getan werden, um so rasch wie möglich den Status quo wieder herzustellen. Das kann eine Zeit lang dauern, vieles muss wieder aufgebaut werden, uns jedoch wird das Gefühl vermittelt, das Ziel wird erreicht sein, sobald die Dinge wieder so sind, wie vor dem Unglück.

Diese Schreckensberichte vermitteln uns jedoch nicht das vollständige Bild. Einige Privatinitiativen und offizielle Entwicklungsorganisationen – und bis zu einem gewissen Grad auch die Medien – leisten hervorragende Arbeit, wenn sie unermüdlich über den Alltag in den armen Ländern der Welt berichten, über deren Probleme und die erzielten Erfolge. Wenn diese Informationen auch jederzeit verfügbar sind, scheinen sie die breite Öffentlichkeit nicht sonderlich zu beeindrucken.

Auf jeden Fall bekommt man den Eindruck, dass die Menschen vielleicht arm sind, das Leben in den Dörfern der Dritten Welt jedoch seinen einfachen, ruhigen Verlauf nimmt, solange es keine Bürgerkriege oder Flutkatastrophen gibt. Es kommt nicht zu den schrecklichen Hungersnöten in so dicht besiedelten Ländern wie Bangladesch, China und Indien, die vor 25 oder 30 Jahren als unausweichlich angesehen wurden. Manche internationale Wortführer machten in Bezug auf gewisse Länder und Regionen, wo die Lage mehr als hoffnungslos erschien, den zynischen Vorschlag, diese Regionen nicht mehr zu unterstützen, da so viele andere Aufgaben einer Lösung harrten, die größeren Erfolg versprechen würden. Man solle der Natur nur ihren Lauf lassen. Diese Einschätzung war jedoch allzu engstirnig, um als Vorgangsweise akzeptiert werden zu können, und die Bemühungen um eine Verbesserung der Nahrungsmittelproduktion in den Entwicklungsländern haben – wie in Kapitel 3 gezeigt wurde – einige hervorragende und überzeugende Ergebnisse gebracht.

Das drohende Schreckensszenario verblasste und jedes ernsthafte Versorgungsproblem in den Entwicklungsländern erscheint seit damals bloß als vorübergehende Störung. Es hat den Anschein, als ob die Dinge an der Nahrungsmittelfront in den meisten Drittweltländern recht gut laufen, auch wenn dort noch Armut herrscht.

Der stille Hunger

Wenn ein Pontoppidan unserer Tage nach einer ähnlich zu Herzen gehenden Geschichte aus dem täglichen Leben suchte, würde er ohne Schwierigkeiten Bauernfamilien finden, die am Rande des Abgrunds leben. Er müsste nur nach Afrika oder

Südasien reisen, wo die meisten Hungernden der Welt leben. Diese Menschen gehen hungrig zu Bett und frühstücken so wenig, dass sie das Gefühl eines vollen Magens nicht kennen. Es sind so viele, dass wir uns ihre Zahl gar nicht vorstellen können: 820 Millionen Menschen haben täglich zu wenig zu essen.[2] Das ist ein Vielfaches der US-Bevölkerung.

Diese Situation kann auch anhand von kalten, nüchternen Statistiken illustriert werden. Im südlich der Sahara gelegenen Afrika beträgt die durchschnittliche Nahrungsaufnahme täglich etwa 2.100 Kalorien pro Person, was allen Berechnungen nach viel zu wenig ist. In Südasien, das auch die vielen Millionen Einwohner so dicht besiedelter Länder wie Bangladesch, Indien und Pakistan umfasst, sind es durchschnittlich 2.400 Kalorien pro Person, was ausreichend wäre, wenn diese Kalorienmenge tatsächlich allen zur Verfügung stünde. Als Durchschnittswert ist dies jedoch zu niedrig. Die Bewohner der entwickelten Länder ernähren sich mit durchschnittlich etwa 3.250 Kalorien pro Tag sehr gut. Die Differenz zwischen dieser Zahl und dem Durchschnittswert in der Dritten Welt mutet in der Tat grotesk an.[3]

Täglich zu wenige Kalorien zu sich zu nehmen, bedeutet nicht einfach, dass die Menschen mager sind. Auf lange Sicht gesehen hat Mangelernährung eine schädliche Wirkung auf das Wachstum und die geistige Entwicklung von Kindern sowie auf deren Immunsystem. Zu wenige Kalorien treffen Kinder besonders hart, weil sie auf zweifache Weise verletzlich sind: Sie haben nicht nur in ihrer Kindheit täglich zu wenig zu essen, sie kommen mit hoher Wahrscheinlichkeit auch schon untergewichtig zur Welt, wenn ihre Mütter während der Schwangerschaft unterernährt waren. Das bedeutet, dass etwa 33 Prozent aller Kinder unter fünf Jahren in der Dritten Welt unter

---

[2] Per Pinstrup-Andersen, Rajul Pandya-Lorch, Mark W. Rosegrant, The World Food Situation: Critical Issues for the Early 21st Century, International Food Policy Research Institute, Washington, D. C., 1999.
[3] Ebda.

der normalen Größe für ihre Altergruppe liegen. Die Folgen für ihre Zukunft sind schwerwiegend. Und wieder sind Afrika und Südasien in diesen Statistiken überproportional stark vertreten.[4]

Unterernährung hat zur Folge, dass Erwachsene zu wenig Energie für ihre tägliche Arbeit haben und Kinder weniger aktiv und lernbereit sind. Ein unterernährtes Kind stirbt zudem auch leicht an einer Krankheit, die für ein wohlgenährtes Kind völlig harmlos wäre. In vielen Lehmhütten Indiens ist die traurige Lage von Pontoppidans dänischer Häuslerfamilie vielleicht noch viel verzweifelter, wenn die Gebete der Familie nicht einem kranken Schwein, sondern einem kränklichen, hustenden Kind gelten. In Pontoppidans Geschichte kann der dänische Kleinhäusler es in seinem Innersten kaum glauben, dass Gott so weit gehen könnte, ihnen das Familienschwein zu nehmen: „Wenn schon das Unheil zuschlagen muss, wäre es wohl besser, er nähme eines der Kinder zu sich. Denn, was würde wohl aus uns, wenn das Schwein sterben muss?" In einigen Teilen der Welt befinden sich verzweifelte Kleinbauern auch heute noch in einer ähnlich schrecklichen Zwangslage.

Es gibt die „versteckte Mangelernährung"

So schockierend diese Zahlen auch sein mögen, dahinter versteckt sich noch eine weitere Tragödie, die eines der wohl gehüteten Geheimnisse der Welt zu sein scheint. Die Auswirkungen von Mangelernährung sind deutlich zu sehen, wenn wir mit ausgemergelten Straßenarbeitern in Indien oder hohlwangigen, apathischen Babys in Malawi konfrontiert werden. Weniger sichtbar ist jedoch, dass all diese Millionen von Menschen, und noch viele andere mehr, auch unter einer anderen

---

[4] Ismail Serageldin, Vortrag an der königlich dänischen Veterinär- und Landwirtschaftsuniversität, Kopenhagen, 24. Januar 2000.

Form von Mangelernährung leiden, daher spricht die Wissenschaft von „versteckter Mangelernährung".

Es geht hier um die mangelnde Zufuhr von Mikronährstoffen – von Mineralien und Vitaminen – in der täglichen Nahrung. Viele arme Menschen in den Entwicklungsländern nehmen eine sehr unausgewogene Kost zu sich, vor allem gekochten Reis oder Maisbrei, wobei es sich dabei um an sich gute und sättigende Nahrungsmittel handelt. Wenn sie jedoch nicht durch Obst, Gemüse und Fisch oder Fleisch ergänzt werden, entwickelt der Körper einen Mangel an jenen lebenswichtigen Nährstoffen, die notwendig sind, um ihn stark zu machen und gesund zu erhalten.

Muss der Körper über eine längere Zeit hinweg ohne die wichtigsten Mikronährstoffe (wie Eisen, Zink, Jod und Vitamin A) auskommen, treten unweigerlich schwerwiegende Nebenwirkungen auf. Eisen ist für die Sicherung einer angemessenen Blutversorgung und damit auch für die Energiezirkulation im Körper unerlässlich. Bei einer ausgewogenen Ernährung oder einer Ergänzung mit Vitaminen und Spurenelementen bleibt das Blutbild des Körpers in der Regel stabil. Wenn man im entwickelten Teil der Welt Blut verliert oder der Eisenanteil des Blutes aus irgendeinem Grund sinkt, kann dieser rasch wieder aufgebaut werden; daher wird kaum je ein Gedanke auf dieses Problem verschwendet. Wir gehen davon aus, dass der Eisengehalt unseres Blutes „normal"– d. h. dem Eisenbedarf des Körpers angemessen – ist.

Untersucht man jedoch den Eisengehalt im Blut der Menschen weltweit, so hat es den Anschein, als seien *wir* diejenigen, die abnormal sind. Von den 6 Milliarden Menschen auf der Welt weisen 5 Milliarden einen Eisenmangel auf, der bei 2 Milliarden so drastische Ausmaße annimmt, dass sie an Anämie leiden.

Vor allem Frauen und Kinder neigen zu Eisenmangel. Frauen können nur schwer den bei der Menstruation oder einer Geburt erlittenen Blutverlust ausgleichen. In Regionen wie beispielsweise Südostasien sind drei Viertel der Frauen und zwei

Drittel der Kinder anämisch.[5] Schwerwiegender Eisenmangel hat einen ebenso schwächenden Effekt auf das Immunsystem wie Unterernährung und führt bei Kindern häufig zu Retardierung und bei Erwachsenen zu verminderter Arbeitsfähigkeit. Vitamin-A-Mangel setzt die Widerstandskraft des Körpers gegen Infektionskrankheiten herab. Untersuchungen haben gezeigt, dass eine ausreichende Zufuhr von Vitamin A, das hauptsächlich in Obst, Gemüse und Fleisch vorkommt, die Kindersterblichkeitsrate in den Entwicklungsländern, wo der Mangel am größten ist, um 20 Prozent senken könnte. Insgesamt zeigen weltweit 125 Millionen Kinder Symptome von Vitamin-A-Mangel und in der Folge leiden 14 Millionen an verminderter Sehfähigkeit oder Blindheit. Solange der Mangel nicht ausgeprägt ist, bleibt er verborgen und kann lediglich durch Blutuntersuchungen erkannt werden.

Andere Formen mangelnder Ernährung können ebenfalls zu Krankheit und körperlicher Behinderung führen und somit für viele Bewohner der Dritten Welt das Leben hart und oft kurz machen. Schätzungen zufolge sterben täglich 40.000 Menschen an Krankheiten, die in Zusammenhang mit ihrer schlechten Ernährung stehen.[6]

Welche Richtung schlagen wir nun ein?

Heute werden im Grunde genügend Kalorien produziert, um weltweit den Energiebedarf aller Menschen zu decken. Statistiken zufolge könnte jeder Einzelne von uns auf dieser Erde seinen Anteil von 2.750 Kalorien pro Tag erhalten. Aber wie wir bereits gesehen haben, ist dies lediglich ein theoretischer

---

[5] Kim Fleischer Michaelsen, Nourishment and Undernourishment, in: Good News from Africa, International Food Policy Research Institute, Washington, D. C., 1998.
[6] Timothy G. Reeves, Role of International Agricultural Research, in: Ismail Serageldin und Wanda Collins (Hgg.), Biotechnology and Biosafety, Weltbank, Washington, D. C., 1999.

Durchschnittswert: Viele Millionen Menschen überleben mit viel weniger – wenn sie dies überhaupt schaffen. Der statistische Durchschnitt wird ihren Bauch nicht füllen. Lebenswichtige Nahrungsmittel müssen dort verfügbar sein, wo die Menschen leben, und sie müssen erschwinglich sein.

Auch wenn nicht jeder Zugang zur erforderlichen täglichen Kalorienmenge hat, bildet diese Zahl die Grundlage für die Schätzung des aktuellen und künftigen weltweiten Nahrungsmittelbedarfs. Derartige Schätzungen sind zweifellos hilfreich bei der Lösung der Frage, was getan werden muss, um die Lage bis zu dem Zeitpunkt zu verbessern, zu dem die heute geborenen Kinder das Erwachsenenalter erreichen. Das Internationale Forschungsinstitut für Ernährungspolitik IFPRI (International Food Policy Research Institute) hat ein analytisches Modell entwickelt und eine Reihe von Untersuchungen durchgeführt, die die weltweite Nahrungssituation bis zum Jahr 2020 prognostizieren.[7] Diese Analysen und Vorschläge für einen zielorientierten globalen Ansatz zur Eliminierung von Armut und Hunger wurden in ein Programm aufgenommen, das unter der Bezeichnung Vision 2020 für Nahrung, Landwirtschaft und Umwelt bekannt wurde.

Die Szenarien von Vision 2020 beruhen auf Untersuchungsergebnissen des IFPRI selbst sowie auf Datenmaterial, das von einer Reihe internationaler Organisationen bereitgestellt wurde, die sich mit Themen wie Bevölkerungswachstum, Agrarproduktion, unterschiedlichen Aspekten der politischen Durchsetzung, Ernährung, den Preisen der wichtigsten Exportnutzpflanzen und den Marktbedingungen auseinandersetzen. Andere Organisationen wie die FAO, die Ernährungs- und Landwirtschaftsorganisation der Vereinten Nationen, und die Weltbank haben ähnliche Modelle erarbeitet, die auf einem etwas kurzfristigeren oder längerfristigen Zeitrahmen basieren, deren Progno-

---

[7] IFPRI, International Model for Policy Analysis of Commodities and Trade (IMPACT).

sen etwas abweichende Zahlen zeigen; die allgemeinen Trends jedoch bleiben unabhängig vom jeweiligen Modell dieselben.

Um eine Reihe alternativer Szenarien zu entwickeln, untersucht das Programm Vision 2020 die verschiedenen dynamischen Faktoren, die den weltweiten Bedarf an und die Versorgung mit Nahrungsmitteln bestimmen, und deren vermutliche gegenseitige Beeinflussung. Zu den bei diesen Modellen berücksichtigten Schlüsselvariablen gehören das globale Bevölkerungswachstum und die daraus folgenden erforderlichen Kalorien, eine Schätzung der Ernährungsfaktoren, die Leistungsfähigkeit der Agrarproduktion, die wiederum durch die Bodenbeschaffenheit und andere Ressourcen bedingt wird, sowie die Produktivität von Pflanzen- und Tierbeständen. Die weiter unten wiedergegebenen Zahlen sind konservativen Schätzungen entnommen, d. h. sie zeichnen kein alarmierendes Bild der globalen Situation, sondern stellen vielmehr eine wahrscheinliche Prognose dar, vorausgesetzt die gegenwärtigen Trends werden fortgeschrieben.

Das wahrscheinlichste Szenario, das auf zahlreichen mehr oder weniger gegebenen Faktoren basiert, besagt, dass im allgemeinen Fortschritte erzielt werden und die Situation sich bis 2020 gebessert haben wird. Die gegenwärtige Lage ist jedoch nicht allzu rosig. Und es besteht immer die Gefahr, dass Fortschritte uns die Augen vor der Tatsache verschließen lassen, dass die Ausgangssituation für so viele äußerst schlecht ist. Die Verbesserungen können aber auch deutlicher ausfallen, wenn mit Nachdruck daran gearbeitet wird, dass die Dinge nicht nur besser, sondern wirklich gut werden.

Angeblich mehr Kalorien, aber ...

In den nächsten zwanzig Jahren sollte es theoretisch für jeden das ganze Jahr hindurch täglich genug Nahrung geben. Die durchschnittliche Kalorienaufnahme sollte weltweit auf 2.902 Kalorien pro Kopf steigen. Während uns im entwickelten Teil der

Welt zu diesem Zeitpunkt 3.328 Kalorien zur Verfügung stehen werden, werden die Entwicklungsländer mit 2.806 Kalorien ihr Auskommen finden müssen, was jedoch immer noch ausreichend ist. In Afrika und Südasien wird es aber noch immer Engpässe geben – Afrika mit 2.276 Kalorien pro Person und Tag und Südasien mit 2.633 Kalorien werden noch immer unterdurchschnittliche Werte aufweisen. Die Zahl der Hungernden wird nur leicht sinken, geschätzt werden 675 Millionen Menschen,[8] und wieder konzentrieren sich die Unterernährten auf das südlich der Sahara gelegene Afrika sowie Süd- und Südostasien.

Bei den Kindern wird sich das allgemeine Bild etwas verbessern, Schätzungen zufolge wird die Zahl der unterernährten Kinder von 160 Millionen im Jahr 1995 bis 2020 auf 135 Millionen zurückgehen.[9] Verschleiert wird dadurch jedoch die Tatsache, dass die Zahl der unterernährten Kinder im südlich der Sahara gelegenen Afrika im gleichen Zeitraum ansteigen wird. Im Lauf der kommenden Jahre wird die Zahl der Kinder, die für ihr Alter zu klein sind, in Afrika ansteigen (was auf eine länger anhaltende Mangelernährung hinweist). Berechnungen zufolge wird diese Zahl in den Jahren bis 2005 von 45 Millionen auf fast 50 Millionen zunehmen, während erwartet wird, dass sie in Asien von etwa 125 Millionen auf 110 Million sinken wird. Für Asien ist das eindeutig ein Schritt in die richtige Richtung, ein Pontoppidan von heute würde aber dennoch genügend Material für viele tragische Geschichten finden.

Es ist schwer abzuschätzen, ob sich die Versorgung mit Mikronährstoffen in der Nahrung in den kommenden Jahren verbessern wird, wenn jedoch die übrigen Zahlen den heutigen Trend fortschreiben, dürfte die Lage für eine sehr große Zahl von Menschen weiterhin katastrophal bleiben.

---

[8] Die hier und im Folgenden in diesem Kapitel angegebenen Zahlen stammen aus: Per Pinstrup-Andersen, Rajul Pandya-Lorch, Mark W. Rosegrant, The World Food Situation: Critical Issues for the Early 21st Century.
[9] Die Schätzungen beruhen auf der Annahme, dass die Verringerung der Mangelernährung bei Kindern proportional jener der Gesamtzahl sein wird.

Aber befinden wir uns nicht mitten in einem globalen Boom?

Will man sich die Welt im Jahr 2020 vorstellen, ist es vorteilhaft, wenn man sich auf Modelle beziehen kann, da es schwer fällt, sich die meisten beteiligten Faktoren bildlich vorzustellen. Die UNO hat errechnet, dass die Weltbevölkerung im November 1999 die 6-Milliarden-Marke überschritten hat. Ausgehend von dieser Zahl kann angenommen werden, dass die Zahl der Menschen auf der Erde in den kommenden 20 Jahren alljährlich um 73 Millionen zunehmen wird. Dies würde zu einer Weltbevölkerung von ungefähr 7,5 Milliarden im Jahr 2020 führen. Diese Zahl dürfte sich auch dann nicht wesentlich ändern, sollte es zu einem etwas stärkeren Anstieg bei wichtigen Todesursachen wie Malaria, Lungenerkrankungen und AIDS kommen, obwohl das Bevölkerungswachstum im südlich der Sahara gelegenen Afrika durch AIDS erheblich gebremst werden dürfte. Dennoch geht aus allen zuverlässigen Vorhersagen unmissverständlich hervor, dass die Bevölkerung in den Entwicklungsländern weiter wachsen wird, auch in jenen Regionen, die am stärksten von Krankheiten heimgesucht werden.

Es wird erwartet, dass die Bevölkerung in den entwickelten Ländern von 1995 bis 2020 um knapp 4 Prozent auf 1,2 Milliarden anwachsen wird. Die Bevölkerung Afrikas dürfte ungefähr die gleiche Zahl erreichen, was einem 50-prozentigen Anstieg im selben Zeitraum entspricht. Für Indien wird eine Zunahme um 36 Prozent und für die Entwicklungsländer insgesamt ein 40-prozentiges Wachstum erwartet. Das Tempo der Bevölkerungszunahme ist einer der entscheidenden Faktoren für die Berechnung der Nahrungsmittelmenge, die in den verschiedenen Regionen der Welt in zwanzig Jahren benötigt werden wird.

Die Erwartungen gehen dahin, dass es uns - im Durchschnitt - dann wesentlich besser gehen wird. Ausgehend von einem Jahreseinkommen von 17.390 US $ bei einem Preisniveau von 1995 kann erwartet werden, dass das Durchschnittseinkommen pro Kopf in den entwickelten Ländern auf jährlich

28.256 US $ ansteigen wird, immer ausgehend vom Preisniveau von 1995, während das jährliche Durchschnittseinkommen in den Entwicklungsländern von 1.080 US $ im Jahr 1995 auf 2.217 US $ zwei Jahrzehnte später steigen dürfte. Die Zahlen für Lateinamerika liegen dreimal so hoch wie der Durchschnitt. In Afrika wird das jährliche Durchschnittseinkommen mit 359 US $ noch immer sehr niedrig sein, etwas weniger als ein Dollar pro Tag, aber sogar dies ist eine Zunahme im Vergleich zu den 280 US $, die einem Afrikaner heute zur Verfügung stehen. Die Prognosen für Südasien sind mit einem Wachstum von 350 auf 830 US $ etwas positiver.

Die Nahrung gerät an vielen Fronten unter Druck

Die wachsende Zahl von Menschen wird *eo ipso* dazu führen, dass die Produktion von Nutzpflanzen, Vieh und Fisch angehoben werden muss. Je mehr die Kaufkraft der Armen steigt, desto größer wird ihr Nahrungsmittelbedarf sein, damit sie jeden Tag genug zu essen haben. Da die Wohlhabenden schon heute jederzeit so viel essen, wie sie wollen, wird der Druck auf die Lebensmittelproduktion in den entwickelten Ländern nicht so stark anwachsen.

Aber die Essgewohnheiten der Armen, wie beispielsweise der Millionen von Menschen in den großen Ländern Asiens, werden sich wandeln, wenn es ihnen besser geht: ihre Mahlzeiten werden abwechslungsreicher werden, Hauptnahrungsmittel wie Reis werden nicht mehr so sehr im Vordergrund stehen. Mit besser gefüllten Geldbeuteln essen die Menschen zumeist mehr Fleisch und Fisch. Der antizipierte wirtschaftliche Aufschwung wird eine starke Auswirkung auf den Nahrungsmittelverbrauch haben. Zudem wird es in den Entwicklungsländern bis 2020 eine starke Wanderungsbewegung der Menschen von den ländlichen Regionen in die Städte und Großstädte geben, und auch dies wird eine Veränderung der Essgewohnheiten zur Folge haben

Allerdings gehen viele Kalorien aus dem globalen Nahrungsbestand verloren, wenn die Menschen Fleisch anstelle von Lebensmitteln konsumieren, die direkt von den Pflanzen stammen, da die Bauern zunächst dem Vieh viele Kalorien verfüttern müssen, um das Fleisch zu erzeugen. Daher wird die bereits angelaufene „Revolution im Bereich des Viehbestands" den Bedarf an Futtermitteln, vor allem Mais und Weizen, stark erhöhen.

Glücklicherweise bevorzugen die Menschen Geflügel – hier wird eine 85-prozentige Bedarfssteigerung erwartet; Geflügel bietet nämlich den Vorteil, dass das Futter mit einem geringeren Energieverlust von pflanzlichen Kalorien in Fleischkalorien umgesetzt wird, als dies bei Rindern oder Schweinen der Fall ist. Dennoch rechnet man mit einem 50-prozentigen Anstieg beim Rindfleischbedarf und einer Steigerung von 40 Prozent bei der Nachfrage nach Schweinefleisch. Dieser wachsende Fleischkonsum wird vor allem in den Entwicklungsländern deutlich zu Tage treten, wo nahezu eine Verdoppelung erwartet wird. Trotzdem wird dies lediglich eine Steigerung um 40 Prozent pro Kopf bedeuten – dies ist aber immer erst ein Drittel der Fleischmenge, die in der entwickelten Welt durchschnittlich pro Person verzehrt wird.

Alles in allem wird vorhergesagt, dass die Bauern im Jahr 2020 weltweit jährlich 40 Prozent mehr Getreide als 1995 ernten werden. Die Landwirtschaft wird auch gezwungen sein, mehr Wurzelgemüse und andere wichtige Nahrungsmittel der Dritten Welt zu produzieren. All dies sieht nach einer recht großen Herausforderung aus.

Einschränkungen auf allen Seiten

Durch den Einsatz ausgefeilterer Agrartechniken, die Verwendung verbesserter Pflanzen- und Viehsorten und die Urbarmachung von Neuland konnten die Bauern im Laufe der Geschichte sowohl in den entwickelten Ländern als auch in den Entwicklungsländern immer mehr Nahrungsmittel erzeugen. Letzteres – die Erschließung von Neuland – wird in den kommenden Jahrzehnten jedoch keine große Rolle spielen, da es vielerorts kein geeignetes unbebautes Land mehr gibt.

In vielen Regionen wird die landwirtschaftliche Nutzfläche durch die Ausbreitung von Städten, den Straßenbau und den gesteigerten Bedarf an Erholungsflächen eingeschränkt. Andernorts werden die Bauern zur Aufforstung und zum Brachliegen des Ackerbodens gedrängt, um der Natur mehr Raum zu verschaffen. Auch in vielen Entwicklungsländern muss die Kulturfläche eingegrenzt werden, um katastrophale Umweltzerstörungen zu verhindern. Reglementierungen zeigen jedoch wenig Wirkung, wenn verzweifelte Bauern für ihr Einkommen und zur Ernährung ihrer Familien keinen anderen Ausweg sehen, als noch mehr Boden umzupflügen. Wenn wir die Natur wirklich schützen und die Artenvielfalt in der Pflanzen- und Tierwelt erhalten wollen, müssen wir aus den bestehenden Feldern bessere Erträge herausholen.

In den schwach besiedelten Gebieten im südlich der Sahara gelegenen Afrika und in gewissem Ausmaß auch in Lateinamerika gibt es noch Möglichkeiten zur Erweiterung der Agrarfläche. In anderen Regionen kann die Erschließung neuer Ackerböden erwartungsgemäß lediglich einen geringen Beitrag zur erforderlichen Produktivitätssteigerung leisten.

Es gibt keinen Ausweg: Der künftige Bedarf an Nahrungsmitteln verlangt nach einer höheren landwirtschaftlichen Produktion. Die für 2020 errechneten Zahlen gehen daher davon aus, dass die Produktivitätssteigerung im Agrarsektor durch höhere Erträge auf den schon heute bestehenden Feldern geleistet werden wird. Bei der Getreideproduktion erwartet man für Afrika bis 2020 eine Leistungssteigerung um 2,9 Prozent jährlich, 1,2 Prozent davon werden durch die Urbarmachung von Neuland erzielt werden. In anderen Regionen dürfte das Wachstum erheblich geringer ausfallen – in den dicht besiedelten Ländern Asiens rechnet man mit 1,5 Prozent, wobei dort lediglich 0,2 Prozent auf Neuland entfallen dürften.

Die prognostizierte Ertragssteigerung bei Getreide ist indes noch keine ausgemachte Sache. In Afrika ist die Kluft zwischen den gegenwärtigen Ernteerträgen und potenziellen Ergebnissen bei Einsatz effizienterer Techniken und ertragreicheren Pflanzenmaterials so groß, dass jeder Anstoß zu mehr Information und zur Umsetzung geeigneterer Agrar- und Wirtschaftsmaßnahmen zu Verbesserungen führen muss. In Afrika, wo die Bauern sich eine Investition in Pestizide, Herbizide und Düngemittel nicht leisten können, gibt es einen überwältigenden Bedarf an produktiveren Pflanzen, die resistent gegen Schädlinge und Krankheiten sind und Trockenperioden besser überstehen. Entsprechende Sorten sind derzeit leider noch nicht verfügbar. Es wird jedoch daran geforscht und sie werden auch entwickelt werden, vorausgesetzt, es stehen weiter genügend Forschungsgelder zur Verfügung und alle vorhandenen Labortechniken können eingesetzt werden. Man geht davon aus, dass diese Forschungsinvestitionen beträchtliche Gewinne für die Wirtschaft abwerfen werden – bis zu 40 Prozent jährlich. Mit einem durchschnittlichen Ertrag von einer Tonne pro Hektar geht das antizipierte Wachstum indes von einem sehr niedrigen Ausgangswert im Jahr 1995 aus. Verglichen mit den afrikanischen Zahlen produzierte Südasien im gleichen Jahr den doppelten Ertrag und bis 2020 soll dieser auf 2,5 Tonnen pro Hektar gesteigert werden. Ostasien zeigt mit 4 Tonnen pro Hektar und einer erwarteten Steigerung auf 5,5 Tonnen im Jahr 2020 allerdings Erträge von ganz anderer Größenordnung.

In den produktiveren Regionen der Dritten Welt steigen die Getreideerträge jedoch nicht mehr so stark wie früher. In den ersten Jahren der Grünen Revolution, von 1967 bis 1982, nahm der Getreideertrag in den Entwicklungsländern jährlich um fast 3 Prozent zu. Zwischen 1982 und 1994 fiel die Wachstumsrate unter 2 Prozent und in den 25 Jahren von 1995 bis 2020 wird eine jährliche Steigerung von 1,5 Prozent erwartet.

Die Hoffnung auf eine Steigerung der globalen Getreideproduktion beruht daher auf der Prämisse, dass es zu keinem Rückgang bei den Investitionen in die landwirtschaftliche Entwicklung und Forschung kommt und die Bauern in den Entwicklungsländern vernünftige Preis- und Marktbedingungen vorfinden, da hauptsächlich dort die Ertragssteigerung bei Getreide in den kommenden Jahren erreicht werden muss.

Entsprechende agrarpolitische Maßnahmen und angemessene Investitionen in die Landwirtschaft können aber nicht als Selbstverständlichkeit vorausgesetzt werden – ja, angesichts der Situation in vielen Entwicklungsländern im Laufe der letzten Jahre kann man beinahe das Gegenteil behaupten. Die prognostizierte Steigerung könnte sich daher als allzu optimistisch erweisen.

In vielen Gebieten mit besonders drückenden Bevölkerungsproblemen ist die Lage erschreckend, wenn detaillierte Prognosen erstellt werden. Durch den sinkenden Grundwasserspiegel ist die Wahrscheinlichkeit gering, dass in den kommenden Jahren Bewässerungen in gleich bleibendem Ausmaß möglich sind. Die durch Überbewässerung verursachte Versalzung der Böden schränkt die Bewirtschaftung in manchen Gebieten ein, zudem führt die Bodenerosion zu sinkenden Erträgen oder macht die Bewirtschaftung – vor allem in sehr hügeligem Gelände – unmöglich.

Ein weiteres, ernst zu nehmendes Problem ist die Auslaugung der Mikronährstoffe aus den Böden in vielen Gebieten, vor allem in Afrika, wo jeder Bauer so wenig Grund besitzt und über so wenige Ressourcen verfügt, dass der Boden ständig intensiv bebaut wird, wobei nur wenig Dünger zum Einsatz kommt, um den Nährstoffverlust auszugleichen. Wissenschaftler bezeichnen dies als „Abbau des Bodens". Alljährlich werden dem Boden immer mehr lebenswichtige Nährstoffe wie Stickstoff, Phosphor und Pottasche entzogen. Und die Felder der Bauern geben jedes Jahr weniger Ertrag, weil den Pflanzen Energie fehlt und sie dadurch anfällig für Krankheiten und Schädlingsbefall werden. Dieser Teufelskreis kann nur dann durchbrochen werden, wenn bessere Bearbeitungsmethoden, verbessertes Pflanzenmaterial und Dünger zum Einsatz kommen.

Gesteigerte Produktion, aber ungleiche Verteilung

Insgesamt scheint die globale Nahrungsmittelversorgung zum gegenwärtigen Zeitpunkt recht gut abgesichert zu sein, weil regionale Unterschiede durch den Transport riesiger Mengen von Lebensmitteln von einem Kontinent zum anderen ausgeglichen werden. Viele Länder importieren und exportieren gleichermaßen Getreide, um die richtige Mischung für den menschlichen Konsum und das Tierfutter zu erreichen. In der Regel müssen die Entwicklungsländer jedoch auf Importe zurückgreifen, um den täglichen Kalorienbedarf ihrer Bevölkerung sicherzustellen, weil sie einfach nicht genug für jeden produzieren.

Um den höheren Bedarf der Entwicklungsländer im Jahr 2020 zu decken, wird der Getreideexport aus Überschuss-Ländern Schätzungen zufolge verdoppelt werden müssen. Dieser starke Zuwachs wird von den USA, den EU-Ländern und Osteuropa getragen werden müssen. Und wieder wird Afrika mit seiner eingeschränkten Kaufkraft im Nachteil sein. Man rechnet für 2020 mit einem Anstieg der afrikanischen Importe um fast 40 Prozent von 10 Millionen Tonnen Getreide jährlich auf fast 14 Millionen. In Ostasien dürfte die Zahl von 31 Millionen auf 71 Millionen Tonnen hinaufschnellen.

Um den erwarteten erhöhten Fleischbedarf bei der täglichen Ernährung zu decken, müssen die Fleischimporte in die Entwicklungsländer bis 2020 um das Achtfache steigen. Dies klingt viel und man kann sich einen solchen Fleischberg kaum vorstellen, gleichzeitig entspricht dies lediglich einem kleinen Prozentsatz jener landwirtschaftlichen Produkte, die bereits heute über nationale Grenzen hinweg hin und her transportiert werden. Die Getreideproduktion beträgt derzeit weltweit insgesamt etwa 1,8 Milliarden Tonnen, Modellschätzungen zufolge wird sie bis 2020 auf 2,5 Milliarden Tonnen ansteigen. Der Bedarf an Getreide, das in die Entwicklungsländer transferiert werden muss, wird für 2020 auf 192 Millionen Tonnen geschätzt, das sind mehr als 7,5 Prozent der weltweiten Getreideproduktion insgesamt – ein Sprung um 2 Prozentpunkte im Vergleich zu den gegenwärtigen 5,5 Prozent.

Und diese Transferziffer für 2020 sollte auch wirklich nicht höher liegen, da damit im Hinblick auf Energie, Kaufkraft und Devisen zweifellos zu hohe Kosten verbunden sind. Schon heute handelt es sich dabei um eine groß angelegte logistische Operation. Wiederholen wir noch einmal den wichtigsten Punkt, der heute wie in Zukunft Gültigkeit hat: Ein Großteil der Nahrungsmittel sollte lokal produziert werden, damit die Menschen mit geringer Kaufkraft, die mehrheitlich in ländlichen Gebieten leben, genügend an der landwirtschaftlichen Produktion verdienen können. Wir können uns nicht ausschließlich darauf verlassen, dass die Nahrungsmittel von einem Gebiet in das andere transportiert werden, damit der weltweite Durchschnitt dann auch wirklich jedem Menschen auf jedem Punkt des Globus zur Verfügung steht.

Zudem sollte nicht außer Acht gelassen werden, dass die Nahrungsmittelproduktion in den ländlichen Gebieten nicht nur für die Bauern selbst die Haupteinnahmequelle darstellt, sondern auch für all jene, die in den umliegenden Gemeinden leben. Daher ist es entscheidend, die landwirtschaftliche Produktivität in den ärmeren Ländern zu steigern: Wir können uns nicht einfach damit zufrieden geben, Nahrung und Futter umzuverteilen.

Die Dinge stehen nicht allzu gut

An dieser Stelle sei daran erinnert, dass ein gemeinsames Vorgehen zur Deckung des Nahrungsmittelbedarfs im Jahr 2020 eine deutliche Verbesserung der landwirtschaftlichen Produktion und eine teure Umverteilung zwischen Überschuss- und Defizitländern erforderlich machen wird.

Der schrecklich entmutigende Aspekt dieser, trotz allem, optimistischen Vorhersage ist, dass unsere Anstrengungen lediglich dazu führen werden, die Zahl der unter- und mangelernährten Menschen etwas zu senken. Für Millionen von Armen werden menschliches Leid und Mangel immer noch zum täglichen Leben gehören. Und es wird immer noch die Gefahr bestehen, dass ihr Alltag in Hoffnungslosigkeit versinkt, dass ihre Welt durch Schicksalsschläge zerstört wird, durch ausbleibenden Niederschlag oder durch Maisbohrer, die ihren Mais befallen. Diese Angst wird zahllose Bauernfamilien in Afrika, Asien und Lateinamerika weiter verfolgen. Wir haben allem Anschein nach die moralische Verpflichtung, uns weitaus mehr und stärker anzustrengen, damit viel mehr erreicht werden kann, als die statistischen Vorhersagen prognostizieren. Um die Zukunft für die Armen der Dritten Welt entscheidend zu verbessern, ist es das Mindeste, alle uns offen stehenden Optionen objektiv zu betrachten. In unserem Teil der Welt haben wir jene Zeit hinter uns gelassen, in der wir eine hoffnungslose Existenz führten und nur von der Hand in den Mund leben konnten, weil dieses Leben schlicht unzumutbar war. Sollten wir den Armen der Dritten Welt nicht die bestmögliche Chance geben, das gleiche zu tun?

Fünftes Kapitel

Die Alternativen

Die globale Lage der Agrarwirtschaft ist verwirrend komplex. Unmengen an Nahrungsmitteln werden in ertragreichen Gebieten einiger Weltregionen produziert. Überschüsse türmen sich auf – die „Getreideberge" sind heute zwar kleiner als in der Vergangenheit – und es ist durchaus verständlich, zu meinen, es gäbe mehr als genug Nahrung für alle. Viele Jahre lang waren in zahlreichen entwickelten Ländern Rekordernten an der Tagesordnung, dem standen in vielen Entwicklungsländern sinkende Erträge oder schlechte und unberechenbare Ernten gegenüber. Diese Länder müssen ihre Ernten regelmäßig durch Getreideimporte und häufig auch durch Hilfslieferungen ergänzen.

In einigen Ländern verbraucht die Produktion von Nutzpflanzen viele Ressourcen durch exzessiven Mist- und Düngemitteleinsatz und allzu häufiges Spritzen von Herbiziden und Insektiziden. In anderen sind die Bewässerungssysteme ineffizient und die Entwässerung unzulänglich. Und in vielen Gebieten wird durch Rodung und Rekultivierung brach liegender Flächen landwirtschaftliches Neuland gewonnen und dadurch die Pflanzendecke und die natürliche Pflanzen- und Tierwelt zerstört. Bei kleinstbäuerlichen Betriebsgrößen wird der Boden oft bis zur Erosion des Mutterbodens abgebaut.

Dies ist lediglich ein kleiner Ausschnitt der Probleme, vor denen die globale Landwirtschaft steht. In den entwickelten Ländern wird ein gleich bleibendes Niveau in der Nutzpflanzenproduktion als selbstverständlich vorausgesetzt. Wer einen Gedanken an die Landwirtschaft verschwendet, beschäftigt sich mehr mit Umweltproblemen als mit der globalen Nahrungsmittelsicherheit.

Die Gegebenheiten mögen zwar vielleicht komplex sein, die Diskussion über die Weltlage wird jedoch häufig einseitig geführt, wobei isolierte Fakten als „Allheilmittel" angeboten werden, um damit all das zu neutralisieren, was von den Kritikern als Kernpunkt des Problems gesehen wird. In der Diskussion über genetisch veränderte Nahrungsmittel tauchen gewisse Argumente immer wieder auf, die die Notwendigkeit jeder weiteren Entwicklung der Gentechnik diskreditieren.

Getreide – nur ein logistisches Problem

Ein Aspekt der globalen Nahrungsmittelsituation hat bei manchen Menschen alle übrigen Argumente vollkommen in den Schatten gestellt: die Tatsache, dass heutzutage weltweit genügend Nahrung produziert wird, um alle zu ernähren. Wenn den modellhaften Prognosen Glauben geschenkt werden darf, so sollte es möglich sein, dass – im Durchschnitt – jeder Mensch auf der Welt täglich genügend zu essen haben kann. Warum sollte man sich also über die Produktionszahlen den Kopf zerbrechen? Das sei alles nur ein Problem der Verteilung, wird behauptet, warum konzentrieren sich nicht einfach alle Anstrengungen auf die Lösung dieses Problems?

Es ist indes nur schwer vorstellbar, dass eine groß angelegte Umverteilung diesen speziellen Aspekt der Ungerechtigkeit in unserer Welt abschaffen wird. Vielmehr hat es den Anschein, dass kein großes Bedürfnis nach jedweder Veränderung der globalen Verteilung besteht. So war der Anteil der Entwicklungshilfe am BNP in den letzten Jahren in den meisten entwickelten Ländern verschwindend gering. Es gibt zwar Anzeichen für einen teilweisen Schuldenerlass der ärmsten Länder bei den reicheren Staaten, aber schon bis zu diesem Punkt zu gelangen, hat sehr lange gedauert.

Die Alternativen   111

Wenn es darum geht, langfristige Hilfsprogramme wie beispielsweise ein Programm zur Nahrungsumverteilung für die Länder der Dritten Welt in die Wege zu leiten, wird guter Wille nicht unbedingt groß geschrieben. 1998 und 1999 wurden Spendenbeiträge aus OECD-Staaten an die Entwicklungsländer prompt gestoppt, weil die akute Notlage im Kosovo große Geldsummen verschlang. Statt unseren eigenen Lebensstandard ein wenig zu senken, mussten im Endeffekt die armen Länder für die durchaus berechtigte Hilfe an den Kosovo aufkommen.

Nimmt man einmal an, dass es zu groß angelegten, langfristigen Bemühungen kommt, Nahrung aus Überschussgebieten in Defizitregionen zu transportieren, so könnte diese Umverteilung ganz eindeutig nur auf Kosten langfristiger Hilfsprogramme erfolgen, deren ursprünglicher Zweck die Förderung der landwirtschaftlichen Produktion in den Entwicklungsländern war. Die Umverteilungsmaßnahmen müssten durch diese Programme finanziert werden, da die Menschen, die Nahrungsmittel benötigen, für deren Bezahlung nicht das Geld haben.

In jedem Fall bewegt sich jedoch der gegenwärtig zur Verfügung stehende weltweite Überschuss keineswegs in Größenordnungen, die einen echten Unterschied ausmachen würden. Wie bereits aufgezeigt wurde, wird schon heute recht viel Nahrung von einem Land in ein anderes geschafft. Zudem müsste für den Transport von Unmengen an Nahrungs- und Futtermitteln von einem Kontinent zum anderen und innerhalb der jeweiligen Länder ein riesiges Verkehrsnetz geplant und errichtet werden, dessen Investitionskosten auf Jahre hinaus viele Dollars verschlingen würden.

Wir können uns des Eindrucks nicht erwehren, dass die Behauptung einfach zu oberflächlich ist, „das Hauptproblem ... [sei] doch nicht eine Frage der Produktivität, sondern der Verteilung"[1]. Und wie wir schon im ersten Kapitel gesehen haben, ist dies für die Dritte Welt außerdem *keine* Antwort auf ihre Probleme.

---

[1] Søren Kolstrup, Kan generne trækkes tilbage, Information (Dänemark), 8. November 1999.

Bei der Umverteilungstheorie wird auch vollkommen übersehen, dass die Landwirtschaft in fast allen Entwicklungsländern – auch in jenen mit geringer Produktivität – bei weitem der wichtigste Industriezweig ist. Ein großer Teil des BNP wird durch die Landwirtschaft erwirtschaftet, sei es durch Produktion oder Weiterverarbeitung, da die Agrarindustrie häufig einer der wenigen verhältnismäßig gut etablierten Industriezweige in ärmeren Ländern ist. Der mit Abstand größte Anteil an Arbeitsstellen steht in Zusammenhang mit der Landwirtschaft. 70 Prozent der Bevölkerung leben in ländlichen Gebieten und in vielen Entwicklungsländern leben mehr als 50 Prozent von der Landwirtschaft.

Die Landwirtschaft ist daher die Trumpfkarte beim Kampf um eine dynamische Wirtschaftsentwicklung in der Dritten Welt. Nicht nur den Bauern und Landarbeitern geht es gut, wenn die Landwirtschaft gedeiht. Auch lokale Händler und die Heimindustrien florieren, weil durch den Multiplikatoreffekt mehr Geld in Umlauf gesetzt und das direkte Einkommen aus der Landwirtschaft dadurch häufig verdoppelt wird.

Fast alle Staaten, die ihren Status als einkommensschwache Länder überwunden haben, gründeten ihre Entwicklung auf eine konsolidierte Landwirtschaft als treibende Kraft innerhalb der nationalen Wirtschaft. Staaten wie Südkorea, Taiwan und Thailand, die alle ein starkes wirtschaftliches Wachstum verzeichnen, sind gute Beispiele hiefür, auch Chinas erfolgreiche Wirtschaftsentwicklung der letzten 20 Jahre basiert auf einem produktiven Agrarsektor. Die Wahrscheinlichkeit, dass eines jener Länder, die als einkommensschwach eingestuft werden, diese Entwicklungsstufe überspringen kann, erscheint äußerst gering.

Mit anderen Worten: Es können viele gute Gründe dafür angeführt werden, dass Nahrungsmittel in den armen Ländern vor allem dort produziert werden sollten, wo sie konsumiert werden, wie dies trotz der beängstigenden Import- und Exportzahlen auch heute schon der Fall ist. Lediglich 4 Prozent einer der wichtigsten Nutzpflanzen wie Reis werden auf dem Weltmarkt gehandelt.

Wende zur ökologischen Landwirtschaft

Die Landwirtschaft kann die natürlichen Ressourcen im Laufe der Zeit so stark überbeanspruchen, dass diese belastet und vielleicht auch dauerhaft geschädigt werden. Dies ist ein beunruhigender Zustand – viele einzelne Menschen, aber auch Organisationen haben sich weltweit der Lösung dieses Problems verschrieben. Sie fordern, dass anstelle der Standardtechnologie alternative Methoden in der Landwirtschaft eingeführt werden, um die Umweltbelastung zu verringern und der Verseuchung der Böden und des Grundwassers Einhalt zu gebieten. Verständlicherweise findet dieser so wertvolle Weg in weiten Kreisen Unterstützung. Auch all jene, die an den verschiedenen Orten der Erde Agrarforschung und -entwicklung betreiben, versuchen umweltfreundliche Produktionstechniken zu entwickeln.

Beispielhaft sei hier die Verwendung von Chemikalien angeführt. Vor zwanzig Jahren kam es durch den rasch zunehmenden und häufig exzessiven Einsatz von Toxinen in der Landwirtschaft sowohl in entwickelten Ländern als auch in Entwicklungsländern zu einigen frühen Warnsignalen von Umweltschäden. Dies löste die Entwicklung von Produktionsmethoden aus, die zu einer Abwendung vom Einsatz jedweder chemischer Mittel und – bis zu einem gewissen Grad – zu einer Rückkehr zu landwirtschaftlichen Methoden aus vergangenen Tagen führte, bei gleichzeitiger Nutzung eines verbesserten Tierbestandes und moderner Pflanzenarten und eines modernen Maschinenparks. Diese Methoden werden als nichtchemische oder ökologische Landwirtschaft bezeichnet, weil keine chemischen Pestizide oder anorganischen Düngemittel verwendet werden, sondern nur Dung, in roher oder verarbeiteter Form, oder Pflanzendünger zum Einsatz kommt.

Heutzutage muss ein Bauer bestimmte Standards und Methoden einhalten, um als Erzeuger ökologischer Lebensmittel firmieren zu dürfen. Allgemein gesagt, vertritt die ökologische Landwirtschaft die Ansicht, nach der „natürlichen" Methode zu arbeiten, genetisch veränderte Nutzpflanzen – so meint man –

haben keinen Platz im Werkzeugkasten des ökologischen Bauern. Jede Technik, jedes Saatgut und alle anderen Produktionsmittel müssen der vorherrschenden Definition dessen entsprechen, was als „natürlich" gilt. Nutzpflanzensorten werden dann als natürlich anerkannt, wenn sie durch nicht-gentechnische Agrarforschung entwickelt wurden.

Aus vielerlei Gründen führt die ökologische Landwirtschaft jedoch nicht automatisch zu nicht-toxischen Nutzpflanzen. So kann eine Pflanze, die nicht durch Spritzungen vor Krankheit oder Schädlingen geschützt wird, dies kompensieren und zum Selbstschutz Substanzen entwickeln, die im Endprodukt verbleiben. Nicht alle in den Pflanzen enthaltenen natürlichen Substanzen sind daher vollkommen harmlos, zumeist nehmen wir sie jedoch in so geringer Menge auf, dass sie keine gefährliche Konzentration erreichen.[2]

Bei zu starkem Schädlingsbefall darf der ökologische Bauer zu einer „natürlichen" Waffe greifen: er darf Bt, ein toxigenes Bakterium, spritzen (siehe Kapitel 3). Wenn Bt auch eine natürliche Substanz ist, bleibt es dennoch ein Toxin. Zudem haben sich manche Wissenschaftler auch besorgt über die Auswirkungen von bakteriellen Sporen und Fungiziden in ökologischen Produkten geäußert.[3]

Ökologisch erzeugte Produkte entsprechen vielleicht den Bedürfnissen der Konsumenten, die in dem Teil der Welt gesundheits- oder umweltbewusst sind, wo es sich die Leute leisten können, diese notwendigerweise teureren Nahrungsmittel zu kaufen. Problematisch wird es indes, wenn das ökologische Konzept als „die Lösung" des Nahrungsproblems in der Dritten Welt propagiert wird. Werden rein ökologische Methoden verwendet, können die Bauern bei weitem nicht das gleiche Produktivitätsniveau erreichen wie bei modernen landwirtschaft-

---

[2] Birger Lindberg Møller, Genteknologiens betydning for fremtidens fødevareproduktion, in: Gensplejsede fødevarer, Teknologirådet, Kopenhagen 1999.
[3] Ebda.

lichen Methoden, wenn der Landverbrauch für pflanzlichen und tierischen Dünger mitberücksichtigt wird. Die Aussagen über das Ausmaß des Produktivitätsabfalls in den Entwicklungsländern schwanken, sollten ökologische Anbaumethoden zur Norm werden. Pessimisten behaupten, dass die Erträge sogar bis zur Hälfte sinken könnten.[4] Anfangs würde diese intensivere, umweltfreundliche Bewirtschaftung in manchen ertragsarmen Regionen der Dritten Welt jedoch zu einem eindeutigen Produktionsanstieg führen, auch wenn dieser geringer ausfiele als bei Düngemitteleinsatz.

Ein vehementer Verfechter der ökologischen Landwirtschaft in den Entwicklungsländern zitiert eine Untersuchung über den ökologischen Anbau von Kartoffeln in Bolivien.[5] Auf konventionell wirtschaftenden Bauernhöfen belief sich der Ertrag auf 9,2 Tonnen Kartoffeln pro Hektar; bei Einsatz von arbeitsintensiveren, ökologischen Methoden wurde eine Steigerung auf 11,4 Tonnen erreicht. Stärker industrialisierte Betriebe in der gleichen Gegend erzielten 17,6 Tonnen. Aus der Untersuchung ergab sich daher, dass der wirtschaftliche Gewinn pro Tonne Kartoffeln – abzüglich der Kosten für Düngemittel – für den ökologisch wirtschaftenden Bauern im Vergleich zum modernen Großbauern etwas höher und zum konventionellen Kleinbauern viel höher lag.

Wenn die Umwelt als Hauptkriterium gesehen wird, schneidet die ökologische Landwirtschaft demzufolge recht gut ab. Wird das gegenwärtige und zukünftige Nahrungsdefizit in den Entwicklungsländern jedoch als ebenso wichtig angesehen, so bietet die Umstellung auf die ökologische Landwirtschaft höchstens eine begrenzte Lösung – und dies lediglich für bestimmte Gebiete. Zudem ist der Vergleich der Kartoffelerträge in Boli-

---

[4] Anthony Trewavas, Much Food, Many Problems, Nature 402, November 1999, 232.
[5] Miguel A. Altieri, Peter Rosset, Lori Ann Thrupp, The Potential of Agroecology to Combat Hunger in the Developing World, 2020 Vision Brief 55, International Food Policy Research Institute, Washington, D. C., 1998.

vien in sich nicht ganz schlüssig. Wird nämlich industrieller Dünger durch organisches Material ersetzt, muss Boden für den Anbau zusätzlicher, als Gründünger eingesetzter Pflanzen einbehalten – im Falle des bolivianisches Experiments handelte es sich um Lupinen – oder müssen Weideflächen für zusätzlichen Tierbestand bereitgestellt werden. Dies verringert die für den Kartoffelanbau zur Verfügung stehende Fläche und führt somit zu einer geringeren Ernte. Werden die Kosten für den zusätzlichen Bodenbedarf in die Studie eingerechnet, so sehen die Ertragszahlen pro Hektar natürlich nicht mehr so gut aus. Werden die ökologischen Risiken einer Ausweitung der Anbaufläche außer Acht gelassen, so kann die ökologische Landwirtschaft durchaus eine akzeptable Lösung für jene Regionen bieten, wo noch genügend Land vorhanden ist, wie beispielsweise gewisse Gebiete in Afrika; global gesehen ist sie jedoch keine vernünftige Alternative.

In Äthiopien gibt es fast ebenso viele Rinder wie Menschen.[6] Die Landschaft liefert dafür den Beweis: In viel zu vielen Landstrichen ist die Pflanzendecke bis zum letzten Halm abgefressen. Regierungsbehörden und Wissenschaftler bemühen sich, den Bauern klar zu machen, dass die Haltung von kleineren Rinderherden Vorteile bringt. „Wenn wir ernsthaft die Menge (an Dung) produzieren wollen, die für die Ernährung der gesamten Welt benötigt wird, muss die globale Viehproduktion auf 5 bis 6 Milliarden Stück gesteigert werden."[7] Mit anderen Worten, sollen die Ernten ebenso hoch ausfallen wie in der modernen Landwirtschaft, benötigte man so viel Dung, dass die Gefahr bestünde, dass viele Länder dann so aussehen wie schon heute Gebiete in Äthiopien, wo die Böden überweidet und bis auf die letzten Stoppeln abgefressen werden.

Wie aufgezeigt wurde, braucht Gründüngung ebenfalls Platz. Beim bolivianischen Beispiel wurden 1,5 Tonnen Lupinen pro

---

[6] Ebbe Schiøler, Good News from Africa, International Food Policy Research Institute, Washington, D. C., 1998.
[7] Norman Borlaug, Verdens brød, Politiken (Dänemark), 27. November 1999.

Hektar benötigt. In einer kenianischen Studie mussten 4 Tonnen Unkraut von Hecken und Straßenrändern ausgerissen werden, um den durch den Maisanbau entstehenden Phosphor- und Stickstoffverlust auf einem Hektar auszugleichen.[8] Und dies wird als Frauenarbeit angesehen.

Die ökologische Sicht in Bezug auf nicht-organische Düngemittel scheint etwas zu einseitig, um in einem Dritte-Welt-Kontext allgemein anwendbar zu sein. Der ökologische Weg mag vielleicht für die Verringerung der Ausbringung von industriellem Dünger auf überdüngten Felder in Ländern wie beispielsweise Japan ideal sein, wo pro Hektar 200 kg mineralischer Dünger ausgebracht werden. In den Niederlanden wiederum verursacht zu viel Rinder- und Schweinedung eine Nitratverseuchung des Grundwassers. In Afrika werden jedoch durchschnittlich lediglich 12 kg Dünger pro Hektar verwendet.[9] Und an vielen Orten Afrikas geht es darum, den Nährstoffgehalt des Bodens wiederherzustellen und so einer Gefährdung der Umwelt zu begegnen: so oft es die finanziellen Mittel ermöglichen, wird dort zur Herstellung des Nährstoffgleichgewichts im Boden eine kräftige Dosis von Stickstoff/Pottasche/Phosphor ausgebracht, um einem völligen Auslaugen des Bodens entgegenzuwirken. Auch wenn dies vielleicht nicht ganz den orthodoxen Lehren der ökologischen Landwirtschaft entspricht, ist dies unumgänglich – es ist undenkbar, den Nährstoffverlust im Ackerboden in diesen Regionen auf irgendeine andere Weise auszugleichen.

Werden nur geringe Mengen von Nährstoffzusätzen zugeführt, so werden die Nährstoffe selbst vollkommen von den Pflanzen aufgenommen: nichts bleibt übrig, was das Grundwasser verseuchen könnte. Das Endprodukt bleibt dasselbe – gleichgültig ob Gründüngung, Rinderdung oder industrieller Dünger zum Einsatz kamen. In den Entwicklungsländern verteilen die Kleinbauern den Dünger zumeist genau um die Basis

---

[8] Ebbe Schiøler, Good News from Africa, International Food Policy Research Institute, Washington, D. C., 1998.
[9] Ebda.

jeder einzelnen Pflanze, sodass dieser absorbiert wird; sie haben einfach nicht genügend Geld, um mit dem Dünger verschwenderisch umzugehen.

Manche meinen, allein die Tatsache, dass ökologische Methoden arbeitsintensiv sind, spreche für sie. In einigen Teilen der Welt – in weiten Gebieten Afrikas beispielsweise – trifft diese Aussage durchaus zu. In anderen Regionen, darunter andere Gegenden Afrikas, gibt es jedoch nicht genügend Arbeitskräfte, um Arbeiten wie das Unkrautjäten nur halbwegs ordentlich auszuführen, daher kommt es zu Engpässen im Produktionsprozess. In Asien, wo durch die massive Migration in die Städte Befürchtungen über die Zukunft der Landwirtschaft laut wurden, ist es unrealistisch, von den Bauern zu erwarten, für die Ernte jeder Tonne Getreide länger als heute zu arbeiten. Von den Leuten mehr Feldarbeit zu verlangen, ist nicht Sinn der Sache, insbesondere wenn ihnen dies wenig bringt.

Der ökologische Weg ist daher kein Allheilmittel, auch wenn er selbstverständlich dort eine echte Alternative ist, wo Platz, Arbeitskräfte und Kaufkraft der Konsumenten dafür vorhanden sind. Den Entwicklungsländern jedoch generell den Rat zu geben, dem ökologischen Modell zu folgen, löst das Problem der Nahrungssicherheit nicht. Und zu erwarten, dass der gesamte theoretische Unterbau für die moderne ökologische Landwirtschaft in unserem Teil der Welt – einschließlich der Ablehnung der durch chemische Düngemittel und Gentechnik eröffneten Möglichkeiten – den Bedürfnissen der Entwicklungsländer und deren Realitäten entsprechen kann, grenzt schon an Bevormundung.

Was stimmt also nicht am Status quo?

Für diejenigen, die nicht darauf beharren, dass das Problem durch Umverteilung oder ökologische Landwirtschaft allein gelöst werden kann, die aber dennoch gentechnisch veränderte Nutzpflanzen vermeiden wollen, besteht die gängige Antwort häufig in einer Variation des Mottos „Machen wir weiter wie bisher".

Einer der „großen alten Herren" der konventionellen Pflanzenzucht ist der Nobelpreisträger Norman Borlaug, der heute 86 Jahre alt, aber noch immer aktiv in der Forschung tätig ist. Borlaug war der wichtigste Architekt der Weizen-Hochertragssorten, die in den 1970er-Jahren die Hungerbarriere durchbrachen; ein Mann, der jeden Grund der Welt hätte, sich zurückzulehnen, sich auf seinen Lorbeeren auszuruhen und seinen auf der guten, altmodischen Wissenschaft basierenden Ruf zu festigen.

Borlaug sieht jedoch die Grenzen seiner eigenen Erkenntnisse: „Seit die Zwergsorten in den 1960er- und 1970er-Jahren die Grüne Revolution auslösten, gab es keine große Steigerung der Ertragskapazität bei Weizen und Reis. Um den rasch ansteigenden Nahrungsmittelbedarf der Menschheit zu decken, müssen neue, geeignete technische Methoden zur Kapazitätssteigerung bei Getreide entwickelt werden", meint er.[10] Und die Statistiken leisten ihm Schützenhilfe: Wie wir in Kapitel 4 gesehen haben, ist das Wachstum in der Agrarproduktion in den letzten 20 Jahren zurückgegangen und alle Prognosen weisen darauf hin, dass sich dieser Wachstumsabfall fortsetzen wird, wenn an den Standardmethoden festgehalten wird.

Der Grund, warum so viele Leute strikt am Althergebrachten festhalten und der Gentechnik nichts Positives abgewinnen können, mag wohl daran liegen, dass die erprobten, legitimen Methoden vertraut sind und als vollkommen natürlich angesehen werden. Diese Annahme ist selbstverständlich etwas dubios, wenn man bedenkt, dass die konventionelle Pflanzenzucht zur Entwicklung von besserem Pflanzenmaterial viele Jahre lang harmlose Strahlung und chemische Manipulation bei den Pflanzen einsetzte, um Mutationen zu induzieren, sowie verschiedene Biotechniken, wie beispielsweise das Klonen.

---

[10] Norman Borlaug, Verdens brød, Politiken (Dänemark), 27. November 1999.

Welchen Ausgangspunkt auch immer man wählt – wie die Landwirtschaft und die Agrarforschung im Jahr 1990 beispielsweise –, nie kann wirklich behauptet werden, dass die Dinge vor dem Stichtag noch ihren natürlichen Lauf genommen hätten. Auch vor zehn oder zwanzig Jahren hätte man unmöglich behaupten können, dass die Pflanzenzüchter bis zu *diesem* Zeitpunkt nichts anderes getan hätten, als was auch Mutter Natur zuwege gebracht hätte. Betrachtet man die Gentechnik vom „natürlichen" Standpunkt aus, ist kaum einzusehen, warum die Grenze gerade hier und jetzt gezogen werden soll.

In der Tat ist es einfacher, den Beweis zu erbringen, dass die Natur selbst ihre eigenen Grenzen überschreiten kann. Die Weizenforscher weisen auf die Kreuzung von Gräsern in der freien Natur hin, die vor Tausenden von Jahren zur Entstehung der ersten Weizensorten geführt hatte: Hartweizen kann 5.500 Jahre bis in die Agrarkulturen des Nahen Ostens zurückverfolgt werden. Später wurde diese Entwicklung einen Schritt weitergeführt, als sich dieser Weizen mit anderen Grassorten kreuzte und der erste Brotweizen entstand – wie Norman Borlaug es ausdrückt, ist dies „die genetisch veränderte Nahrung der Natur selbst". Und er bekräftigt seine eigene Aussage, dass die Natur und das menschliche Handeln auf einer Linie liegen, wenn er sagt, „die essbaren Weizensorten, die heute 98 Prozent der Weizensorten ausmachen, sind [von der Natur] genetisch verändert worden".[11] Dieses Rohmaterial verbesserte er mit Hilfe konventioneller Methoden durch Einkreuzung von Weizensorten aus dem Bestand der Genbanken.

Oder mehr vom Gleichen?

Der starke Zuwachs der landwirtschaftlichen Produktion im letzten Jahrzehnt ist teilweise auf die Urbarmachung neuer Flächen zurückzuführen. Wie schon ausgeführt, kann diese

---

[11] Ebda.

Option in Zukunft lediglich in beschränktem Maße und nur mit negativen Folgen für die Umwelt ausgenützt werden. Ganz allgemein können wir nicht mehr viel weiter in diese Richtung gehen. 1961 gab es für jeden Menschen auf der Welt 0,44 Hektar Agrarfläche. Heute bewegt sich diese Ziffer bei 0,26 Hektar und Prognosen sprechen davon, dass sie bis 2050 auf 0,15 gesunken sein wird.[12]

Ein weiterer wichtiger Faktor für die landwirtschaftliche Entwicklung in den Industrieländern wie auch in den Entwicklungsländern ist der Zugang zu Bewässerung. Als Faustregel gilt, dass der Ertrag auf bewässertem Boden 2,5 mal höher ist als auf nicht bewässertem. Die Bewässerungssysteme haben überproportionale Ausmaße angenommen, Wassermassen werden – häufig recht wahllos – in jedem Winkel der Erde auf die Felder geschwemmt. In manchen Gebieten hat dies massive Umweltschäden zur Folge: So ist in Pakistan ein großer Teil ehemaligen Ackerbodens versalzen.

Auch die Bewässerung kann nicht unendlich ausgeweitet werden angesichts der zunehmenden Trinkwasserknappheit, der Rivalität um das Wasser mit anderen Industriezweigen und des Aufblühens der städtischen Gesellschaft, deren Bedürfnisse sich beim Wasserverbrauch von jenem in ländlichen Dörfern stark unterscheiden. Erwartet wird ein stärkerer Ruf nach Wassereinsparung, da viele Trinkwasserbrunnen außerhalb der Regenzeit austrocknen.[13] So ist das Grundwasser in Ländern wie Bangladesch seit den 1960er-Jahren drastisch gesunken – bei gleichzeitiger Ausweitung der Bewässerungssysteme. Afrika hat hier jedoch ein größeres Expansionspotenzial (aber vielleicht nicht die finanziellen Mittel dafür), da heute dort erst lediglich 5 Prozent des Ackerbodens bewässert werden, in

---

[12] Ismail Serageldin und Wanda Collins (Hgg.), Biotechnology and Biosafety, 157, Weltbank, Washington, D. C., 1999.
[13] Vand-og Sanitetsprogram Bangladesh, Evaluierung 1999/2, Kopenhagen, königlich dänisches Außenministerium, Danida, 1999.

Asien liegt dieser Anteil an der bewirtschafteten Fläche hingegen schon bei etwa 35 Prozent.[14]

Zur Effizienzsteigerung der Bewässerung kann noch recht viel getan werden. Geringere, genau auf die Wachstumsperioden der Pflanzen abgestimmte Wassermengen können eingesetzt werden. Außerdem sollten die Bewässerungssysteme besser in Stand gehalten werden, um Lecks zu minimieren. Ebenso wie die bewirtschafteten Flächen kann jedoch auch die Bewässerung nicht unendlich ausgeweitet werden.

Der Verbrauch von Düngemitteln und Agrochemikalien als integraler Bestandteil einer Hochertragslandwirtschaft hat drastisch zugenommen. Einer der Gründe für den Erfolg der Grünen Revolution war ja, dass diese im Paket angeboten wurden. Durch den Dünger konnten die ertragreichen Pflanzen ihr Potenzial voll ausschöpfen und Agrochemikalien grenzten die Verluste durch Unkraut, Schädlinge und Krankheiten ein. Vielerorts – wiederum müssen Afrika und Teile Asiens als Ausnahmen angeführt werden – hat der Verbrauch von Agrarzusätzen jedoch ein gefährlich hohes Niveau erreicht; es gibt eine logische Grenze, wie viel zusätzliche Ausgaben für marginale Ertragssteigerungen gerechtfertigt sind – ganz abgesehen von der Umweltbelastung, der ein ebensolcher Stellenwert eingeräumt werden sollte wie finanziellen Erwägungen.

Die konventionelle, effiziente Züchtung von landwirtschaftlichen Nutzpflanzen hat sich, wie aufgezeigt wurde, im Kampf gegen Armut und Mangelernährung bewährt. Allgemein werden jedoch, wie erwähnt, die Chancen, dramatische Fortschritte in der Ertragssteigerung an sich zu erreichen, als zweifelhaft beurteilt. Dass auf 80 Prozent des Ackerbodens in der Dritten Welt schon heute ertragreiche Sorten mit einer gewissen Resistenz gegenüber Krankheiten und Schädlingen angebaut werden, hat zudem Zweifel über fortdauernde Ertragssteigerungen

---

[14] Genetically Modified Crops: The Ethical and Social Issues, Nuffield Council on Bioethics, Nuffield Foundation, London 1999.

aufkommen lassen.[15] Andererseits besteht die Hoffnung, dass die konventionelle Züchtung die Produktionsschranke durchbrechen könnte, wenn sie durch die Gentechnologie unterstützt und mit dieser kombiniert wird.

Konservative Fortschrittlichkeit

Natürlich gibt es viele andere Argumente für und wider gentechnisch veränderte Nutzpflanzen, die hier nicht angeführt wurden, einige andere Punkte werden noch in den folgenden Kapiteln angesprochen werden. Betrachtet man jedoch die künftige Nahrungssituation in den armen Entwicklungsländern kritisch und genau, ist es kaum realistisch, dass einfache Teillösungen allein das Problem beheben werden – wie verlockend jede einzelne auch erscheinen mag.

Als globale Lösungen haben die in diesem Kapitel erörterten Alternativen, wie auch die Gentechnik, ihre Grenzen. Keine kann in allen Teilen der Welt angewandt werden und einige sind einfach unrealistisch. Man kann sie nicht einfach in andere Regionen verpflanzen, sie sind nicht leicht an die Bedürfnisse bestimmter Gemeinschaften anzupassen und sie entsprechen lediglich den Bedürfnissen einer Minderheit der Armen der Welt.

Kämen wir dennoch zum Schluss, dass nach dem Motto „Mehr vom Gleichen" verfahren werden müsste, dann würde die Tatsache außer Acht gelassen, dass die Umweltschützer einige schlagkräftige Argumente gegen ein „Weiter so" haben. Zudem bliebe dann unberücksichtigt, dass von der alten, wohl vertrauten Technologie aus vielerlei Gründen nicht die erforderliche Produktionssteigerung erwartet werden kann.

Befürworter der Lösung nach dem Motto „Weiter so" nehmen an, dass die gegenwärtigen Produkte und Methoden vollkommen ausgereift sind, dass sie keiner Verbesserung bedürfen.

---

[15] Ebda.

Wenig Unternehmergeist wird offenbar, wenn man beim Bekannten bleibt, nur weil es vertraut ist. Bei jedem Zusammentreffen internationaler Agrarforscher würde wahrscheinlich deutlich, dass alle von neuen – großen und kleinen – Verbesserungen berichten könnten, an denen sie gerade arbeiten. Einige ihrer Entdeckungen könnten eine entscheidende Rolle dabei spielen, die gegenwärtige Agrarproduktion zu verbessern und für Konsumenten wie Bauern sicherer zu machen, wie beispielsweise Allergene aus unseren heutigen Nahrungsmitteln zu verbannen oder Pflanzen gegen Virusbefall resistent zu machen. Manche Wissenschaftler verwenden die Gentechnik als Mittel zum Zweck, wenn ihnen keine andere geeignete Technik zur Verfügung steht. Werden ihnen diese Methoden für ihre Forschungsarbeit verboten, können sie auch nicht zu Lösungen von Problemen gelangen, die in den üblichen Agrarmethoden inhärent und in den heute von uns verzehrten Nahrungsmitteln zu finden sind. Wenn wir nicht zugeben, dass die Situation heute alles andere als perfekt ist, werden wir unweigerlich ein ganzes Bündel von Problemen weiterschleppen und Gefahr laufen, den falschen Weg einzuschlagen.

Die gleiche Grenze wieder ziehen

Es ist ja nicht so, als ob uns die Gentechnik vollkommen fremd wäre. Schon jahrelang basieren viele unserer Medikamente – dazu gehört auch eine für die Menschheit so nützliche Erfindung wie das Insulin – auf der gentechnischen Veränderung von Mikroorganismen und Bakterien. Auch der Nahrungsmittelsektor hat seinen Anteil an gentechnisch veränderten Produkten, die bislang zu keinerlei Kontroverse Anlass gaben. Mittels moderner Genmanipulation entwickelte Gärstoffe finden zum Beispiel Verwendung in der Bier- und Käseherstellung. Ganz abgesehen von finanziellen Überlegungen sind diese Techniken häufig konventionellen Methoden vorzuziehen: So wird der Einsatz natürlicher tierischer Produkte vermieden, die viel-

Die Alternativen

leicht nicht so rein, wie von uns gewünscht, sind – wie beispielsweise im Falle des aus dem Kälbermagen entnommenen Labs für die Käseherstellung.

Es kann außerdem nicht sehr viele Leute geben, die den Wert eines derartigen Fortschritts anzweifeln oder ihren Arzt fragen, ob die ihnen verschriebenen Medikamente mit oder ohne Hilfe der Gentechnik hergestellt wurden. Mehrheitlich sind wir zufrieden, dass wir die bestmögliche Behandlung erhalten, die von der pharmazeutischen Industrie zur Verfügung gestellt wird.

Wir erleben keine Basisbewegung, die sich eine Rückkehr zu den pharmazeutischen Mixturen vergangener Tage zum Ziel gesetzt hat, keine Verunglimpfung der Motive von Forschern und Herstellern bei gentechnisch veränderten Medikamenten. Man könnte durchaus auf den Gedanken verfallen, dass für den biologisch orientierten Menschen die direkte, unverdünnte Einnahme eines genmanipulierten Produkts eine solche Horrorvorstellung ist, dass die Zeitungen ständig mit Leserbriefen überschwemmt werden. Aber nein, an dieser Front ist alles ruhig. Ganz offensichtlich deshalb, weil wir – oder jedenfalls die meisten von uns – nicht gegen etwas protestieren, das für uns so große Vorteile bringt wie Medikamente zur Sicherung und Wiederherstellung unserer Gesundheit. Diesbezüglich scheinen die Produktionsmethoden kein Problem zu sein.

Bevor nun eine Grenze zwischen der gentechnischen Veränderung für Medikamente und jener für landwirtschaftliche Zwecke gezogen wird, sollte sorgfältig auf die nützlichen Aspekte eingegangen werden. In unserem Teil der Welt ist die Gesundheit das Hauptthema, in anderen Teilen ist eine angemessene Nahrungsmittelversorgung der Schlüsselfaktor. Man braucht eine Bäuerin in Westuganda nicht zu fragen, ob sie eine gentechnisch veränderte Manioksorte haben möchte, die sich gegen die Mosaikkrankheit bei Blättern, eine virulente Pflanzenkrankheit, wehren kann, um zu wissen, was sie antworten würde. Aber niemand fragt sie. Und gut meinende Menschen in unserem Teil der Welt sind geneigt zu glauben, dass sie nicht gefragt werden soll – natürlich nur für die gute Sache. Wir sind der Meinung, dass sie vor die Wahl gestellt werden sollte.

Sechstes Kapitel

Genetisch veränderte Nahrungsmittel – was bringen sie den Armen?

Wir wollen uns nun drei kurze Geschichten ansehen, die den Unterschied zwischen dem Bild, das in der entwickelten Welt von der Gentechnik gezeichnet wird, und dem, was die Wissenschaftler tatsächlich tun, illustrieren, um deutlich zu machen, welches Potenzial in der Gentechnik aus dem Blickwinkel der Dritten Welt liegt.

1. Ein Spitzensportler wird nach einem neuerlichen Sieg auf Drogen getestet und der Test fällt positiv aus. Die Medien schlachten diese Neuigkeit weidlich aus. Nach mehrmaligem Überprüfen des Resultats stellt sich einige Wochen später heraus, dass ein Irrtum vorliegt. Der Sportler wird völlig rehabilitiert, was in der Presse allerdings nur wenig Aufmerksamkeit erregt. Nun gut, so spielt das Leben, könnte man sagen, aber nach dem ganzen Presserummel hat der Sportler Schwierigkeiten, seine Karriere wieder anzukurbeln.
2. Für eine Familienfeier werden die alten Kristallgläser von Urgroßmutter wieder hervorgeholt. Beim Geschirrspülen lässt Vater beinahe eines fallen. Da es nur mehr elf Gläser gibt, muss er auf der Stelle schwören, nie mehr wieder eines dieser wertvollen Stücke zu zerbrechen.
3. Es ist eine riskante Sache, in Europa Elektriker zu sein, wo jedes Kabel eine Spannung von 220 Volt hat. Europäische Elektriker werden in Herzmassage und Mund-zu-Mund-Beatmung ausgebildet, für den Fall, dass ein Arbeiter versehentlich mit einem unter Spannung stehenden Kabel in Berührung kommt. In den USA, wo 110 Volt die Norm sind,

ist das Risiko nicht ganz so groß, die Spannung reicht jedoch für Licht und den Betrieb der meisten Apparate aus. Und das elektrische System eines Autos kommt mit bloßen 12 Volt aus. Ist es nicht etwas eigenartig, dass sich Europa für eine derart gefährliche Spannung entschieden hat?

Genau genommen haben wir es hier mit drei kleinen, banalen Alltagsgeschichten zu tun und doch können mit ihrer Hilfe einige Punkte hervorgehoben werden, die auch gegenüber genetisch veränderten Nutzpflanzen in der öffentlichen Diskussion immer wieder ins Treffen geführt werden. Sehen wir uns nun einmal ein paar an.

1. In der Diskussion rund um die Gentechnologie gibt es einige abgedroschene Argumente hinsichtlich der Gefahren von gentechnisch veränderten Pflanzen, die immer wieder vorgebracht werden. So heißt es, dass genetisch veränderte Nutzpflanzen giftig sein können: Ratten, an die 1998 in Schottland genveränderte Kartoffeln verfüttert wurden, sollen gestorben sein. Man hört auch, gentechnisch veränderte Nutzpflanzen würden nützliche Insekten töten, ja sogar prächtige Schmetterlinge, wie Mitte 1999 in der Presse verlautete. Und genetisch veränderte Nahrungsmittel könnten ernst zu nehmende allergische Reaktionen auslösen, wie jene Sojabohnen, denen ein Gen von brasilianischen Nüssen eingepflanzt wurde. All diese Geschichten wurden entweder durch eingehende Forschungsarbeiten restlos widerlegt oder das jeweilige Problem erledigte sich während der routinemäßigen Testverfahren von selbst. Aber man muss nicht allzu viele Leserbriefe oder Homepages lesen um herauszufinden, dass sie noch immer hartnäckig die Runde machen.[1] Wie auch der Sportler in der ersten Ge-

---

[1] Siehe beispielsweise Søren Kolstrup, Kan generne trækkes tilbage?, Information (Dänemark), 8. November 1999; oder das Interview mit Bo Normander, NOAH, in der Sendung Orientering im Dänischen Rundfunk (DR 1) am 7. März 2000.

schichte zur Kenntnis nehmen musste, sind Berichtigungen nie so interessant wie Sensationsmeldungen.
2. Viele unserer Handlungen bergen ein gewisses Risiko und nicht viele Dinge haben eine lebenslange Garantie. Natürlich versprechen wir, so vorsichtig wie möglich zu sein, damit das Familienkristall verwendet werden kann und nicht nur in einer Vitrine steht. Nach dem gleichen Grundsatz geht auch die Gentechnikforschung vor, ob sie nun darauf abzielt, medizinische, landwirtschaftliche oder andere Probleme zu lösen. Aber zu erwarten, dass keine neuen Wege beschritten werden, solange es keine offizielle Garantie gibt, dass alle Risiken ausgeschaltet wurden, wie manche das bei genetisch veränderten Pflanzen fordern,[2] hieße unweigerlich soviel, wie den Fortschritt zum Stillstand zu bringen. Dieses Beharren auf einer lebenslangen Garantie („Unsere Versuche haben bestätigt, dass die Gentechnologie keinerlei Risiko in sich birgt") widerspricht einer einfachen Grundregel der Wissenschaft – und damit dem Leben selbst: Eine negative These lässt sich nicht beweisen. Und diese Regel stimmt – immer unter der Voraussetzung allerdings, dass die Diskussion eines wissenschaftlichen Themas mit wissenschaftlich fundierten Argumenten geführt wird.
3. Die Elektrizitätsversorgung in Europa beschreitet den Weg zwischen Effizienz und Risiko. Elektrische Energie völlig sicher zu machen, ist unmöglich und diesbezügliche Versuche wären äußerst kostspielig, würden eine völlige Umstrukturierung des nationalen Versorgungsnetzes und eine grundlegende Umrüstung von Maschinen und Geräten erforderlich machen. Die daraus erwachsenden Stromrechnungen wären eine ernsthafte Belastung des Haushaltsbudgets. Für die Stromverteilung an die Verbraucher wären potenziell gefährliche Starkstromleitungen trotzdem immer noch erforderlich. In der aktuellen Diskussion über genetisch ver-

---

[2] Erklärung von Ärzten und Wissenschaftlern für die verantwortungsvolle Anwendung von Wissenschaft und Technik, www.psrat.org/dcl.

änderte Pflanzen konnte kein Beweis für irgendwelchen Schaden erbracht werden, aber viele Leute drehen den Strom am liebsten gar nicht an, wie gut die Kabel auch isoliert sein mögen.[3] Lieber total darauf verzichten, scheint ihre Devise zu sein.

Größere Flexibilität auf allen Ebenen?

Einer der Hauptgründe, warum die Diskussion zwischen Befürwortern und Gegnern der Gentechnologie so erbittert geführt wird, ist der Umstand, dass gentechnisch veränderte Pflanzen bereits eine unwiderrufliche Tatsache sind und in einigen Ländern eine gewaltige Auswirkung auf einzelne Nutzpflanzen und die Versorgung mit landwirtschaftlichen Produkten haben, während sie in anderen als Gefahr gesehen werden. Genetisch veränderte Sojabohnen sind die wichtigsten gentechnisch veränderten Nutzpflanzen; 1999 waren 90 Prozent aller in Argentinien und 50 Prozent aller in den USA angebauten Sojabohnen genetisch verändert. Sojabohnen hatten 1999 einen Anteil von 54 Prozent an allen weltweit angebauten genetisch veränderten Nutzpflanzen, Mais 28 Prozent und Raps und Baumwolle je 9 Prozent.[4]

Dass genetisch veränderte Nutzpflanzen innerhalb so kurzer Zeit eine derart weite Verbreitung fanden, liegt daran, dass sie hielten, was sie versprochen hatten. Im Vergleich zu konventionellen Nutzpflanzen bringen sie satte Erträge, verbunden mit weniger Arbeit für die Bauern und einem sparsameren Einsatz von überdies umweltfreundlicheren Insektiziden und Pestiziden. Mit Ausnahme der Erzeuger von Insektenbekämp-

---

[3] Siehe z. B. Johan Keller, Rent null, Information (Dänemark), 8.–9. Januar 2000.

[4] Clive James, Transgenic Crops Worldwide: Current Situation and Future Outlook, Beitrag auf der Konferenz Agricultural Biotechnology in Developing Countries: Toward Optimizing the Benefits for the Poor, Zentrum für Entwicklungsforschung (ZEF), Bonn, 15.–16. November 1999.

fungsmitteln wirkt sich dies für alle vorteilhaft aus: für die Bauern und Konsumenten, für die die neuen Nutzpflanzen etwas billigere Nahrungsmittel mit geringeren Pestizidrückständen darstellen, wie auch für die Saatgut- und Herbizid-Produzenten.

Nimmt man jene Eigenschaften unter die Lupe, auf die man sich bei dieser ersten Generation gentechnisch veränderter Pflanzen konzentrierte, so erhebt sich berechtigterweise die Frage, ob die durch diese neuen Charakteristika bewirkten Unterschiede für die Verbraucher tatsächlich die in ihre Entwicklung investierte Zeit und den Aufwand rechtfertigen. Dieselbe Frage hätte man sich dann aber auch stellen können, als in den 1940er-Jahren die ersten Kugelschreiber auf den Markt kamen. Diese Plastikdinger in undefinierbarem Grau waren abstoßend hässlich, hinterließen Tintenflecke auf den Brusttaschen der weißen Herrenhemden und kosteten den eineinhalbfachen Wochenlohn eines Laufburschen beispielsweise. Aber wie wir heute wissen, sollten sich Kugelschreiber und Plastik durchsetzen, sie wurden qualitativ besser und billiger. Oder denken wir an die ersten Flugversuche des Menschen: Auf jedem Fleckchen ebenen Bodens, von den Kleefeldern Dänemarks bis zu den Prärien Nordamerikas, wurden die abstrusesten Konstruktionen ausprobiert – mit unterschiedlichem Erfolg. Reiner Unsinn, meinten denn auch die achtbaren Bürger.

Verglichen mit diesen empirischen Versuchen, sind die genetisch veränderten Pflanzen mehr als viel versprechend. Schon die ersten genetisch veränderten Produkte, die auf den Markt kamen, machten kaum Probleme und die Bauern, die genau das suchten, was diese Pflanzen boten, bekamen etwas für ihr Geld. Damit ist die Entwicklung aber zweifellos noch nicht abgeschlossen. Weitere Nutzpflanzen mit neuen Eigenschaften und einer anderen Kombination von Vorzügen werden auftauchen, sobald Laborversuche durchgeführt und die Erkenntnisse überprüft werden können.

Und genau darin liegt das Haupthindernis für eine konstruktive Diskussion über genetisch veränderte Nutzpflanzen. Viele kreative, zukunftsweisende Ideen werden in die Diskussion der mit den neuen Pflanzensorten einhergehenden Risiken gesteckt. Richtig ist, dass bislang keine nachteiligen Auswirkungen nachgewiesen wurden, es ist jedoch durchaus vorstellbar, dass Probleme auftauchen könnten. Oder sagen wir es mit anderen Worten, die ein oft gehörtes Argument wiedergeben: „Im Augenblick mag ja alles gut gehen, aber auf lange Sicht ..." Wenn es um die positiven Auswirkungen geht, ist allerdings nur allzu selten dieselbe Dynamik zu beobachten. Eine gleichermaßen vernünftige Argumentationslinie könnte etwa lauten: „Im Augenblick gibt es dazu nicht allzu viel zu sagen, aber auf lange Sicht ..."

Da in so wenigen Jahren bereits derart große Erfolge mit dieser weitgehend neuen Technologie erzielt wurden, dürfen mit fortschreitender Entwicklung weitere Ergebnisse dieser jungen Wissenschaft erwartet werden. Im Laufe der Entwicklung dieser Technologie werden sicherlich weitere Schutzmechanismen gegen abträgliche Auswirkungen eingebaut werden. Die Entwicklung von Sicherheitsmaßnahmen beruht zweifellos auf einem gesunden Eigeninteresse, da jeder Nachweis von schwerwiegenden Fehlern oder größeren Problemen die hinter der Gentechnologie stehenden privaten und öffentlichen Investoren teuer zu stehen käme und verheerende Auswirkungen für sie hätte.

Offensichtliche Einigkeit in vielen Punkten

Auf einer 1997 von der Weltbank veranstalteten Konferenz über Biotechnologie und Biosicherheit, an der Vertreter verschiedener UN-Organisationen, von Forschungsinstituten und Entwicklungshilfeeinrichtungen sowie aus der Dritten Welt teilnahmen, wurde eine kurze Liste zusammengestellt, was unternommen werden müsste, um die landwirtschaftliche Produktivität in den Entwicklungsländern zu steigern. Darüber, dass mit dieser Liste zumindest die notwendige Richtung vorgegeben wird, dürfte weitgehende Einigkeit bestehen:

- Anwendung intensiver landwirtschaftlicher Anbaumethoden auf breiterer Basis, darunter auch – in bestimmten Gebieten – vermehrter Einsatz von Düngemitteln.
- Erhalt von Boden und Wasser, mit besonderer Berücksichtigung der Erosionsbekämpfung.
- Aufrechterhaltung der Artenvielfalt.
- Verbesserung der Schädlingsbekämpfung.
- Vermehrte und wirksamere Bewässerung.
- Verbesserung der Viehhaltung.
- Entwicklung neuer Sorten von Nutzpflanzen mit höherem Ertrag und größerer Resistenz gegenüber Schädlingen und Trockenheit.
- Verringerung der Abhängigkeit von Pestiziden und Herbiziden.

Den Verfassern dieser Liste, die bei der Konferenz allgemeine Zustimmung fand, erscheint die Gentechnologie als geeignetes Mittel zur Verwirklichung einiger dieser Ziele: „Die Biotechnologie ist im Idealfall mit den Zielen einer nachhaltigen Landwirtschaft weitgehend vereinbar, da sie bei der Bekämpfung bestimmter Probleme eine chirurgische Präzision aufweist, ohne dadurch andere funktionelle Komponenten des landwirtschaftlichen Systems zu beeinträchtigen."[5]

Aber natürlich gibt es keine Versicherung, dass die Gentechnik alle Übel beseitigt. Aus den Zeiten des Wilden Westens kennen wir den Mythos von der Wunderwaffe des Cowboy-Helden, der „Silberbüchse", die ihr Ziel nie verfehlt und alle Bösewichte beseitigt. Interessant ist, dass die Gentechnologie in der ganzen Diskussion rund um dieses Thema nie als „Silberbüchse" angepriesen, ja, ein derartiger Anspruch seitens der Gentechnik geradezu konsequent zurückgewiesen wurde.[6]

---

[5] Ismail Serageldin und Wanda Collins (Hgg.), Biotechnology and Biosafety, Weltbank, Washington, D. C., 1999.

[6] Siehe z. B. Peter Ulvskovs Kommentare in: Lykke Thostrup, Genteknologi som ulandsbistand, königlich dänische Veterinär- und Landwirtschaftsuniversität, BioInfoNYT, Kopenhagen, November 1999; oder

Kritiker hingegen gehen nicht selten von solch leeren Versprechungen aus.[7] Und es ist der Diskussion sicherlich nicht zuträglich, wenn eine Seite der Gegenseite ganz augenscheinlich unvernünftige Argumente unterschiebt, gegen die sich jeder vernünftig denkende Mensch verwehren wird.

Zu jenen, die wirklich an der Gentechnologie interessiert sind, zählen die großen multinationalen Konzerne, die sich mit der Produktion von Saatgut beschäftigen. Ein Vertreter eines dieser Konzerne, der auch ein persönliches Interesse daran hat, von diesem Geschäft zu profitieren, beurteilt die Aussichten ganz nüchtern. Ausgehend von der für 2025 erwarteten Bevölkerung und dem entsprechenden Kalorienbedarf (basierend auf Zahlen, die von der FAO zur Verfügung gestellt wurden), schätzt er, dass 70 Prozent des Bedarfs durch die konventionelle Pflanzenzucht, einen vermehrten Einsatz von Düngemitteln und bessere Bewässerungssysteme gedeckt werden können. Für die verbleibenden 30 Prozent wird seiner Ansicht nach auf verschiedene Formen der Biotechnologie zurückgegriffen werden müssen, wobei auch die Gentechnik einen beträchtlichen Beitrag liefern wird – eine andere Möglichkeit sieht er nicht.[8] Dreißig Prozent klingt vielleicht nicht allzu dramatisch, aber das sind genau jene Kalorien, die für Millionen Familien in der Dritten Welt den Unterschied zwischen regelmäßigem Hunger und ausreichender täglicher Nahrung ausmachen. Und nach

---

Per Pinstrup-Andersen, Modern Biotechnology and Small Farmers in Developing Countries: Commentary, International Food Policy Research Institute, Washingtion, D. C., 1999.

[7] Siehe z. B. Terminator Terminated?, RAFI News, www.rafi.org, Zugriff am 4. Oktober 1999; oder Hans Herren in der Diskussion anlässlich der International Conference on Biotechnology in the Global Economy, 2.–3. September 1999, Winnipeg, Kanada, zitiert in: Sustainable Developments 30, 6. September 1999.

[8] Walter Dannigkeit, Biotechnology from a Global Food Security Perspective, Beitrag auf der Konferenz Agricultural Biotechnology in Developing Countries: Toward Optimizing the Benefits for the Poor, Zentrum für Entwicklungsforschung (ZEF), Bonn, 15.–16. November 1999.

2025 wird die landwirtschaftliche Produktion in den Entwicklungsländern weiter steigen müssen, soll der aus dem zu erwartenden anhaltenden Bevölkerungsanstieg resultierende Bedarf gedeckt werden.

Unterschiedliche Prioritäten

Es könnte sich sogar als schwierig erweisen, in den nächsten 20 Jahren mit Hilfe der Biotechnologie ein so konservatives Ziel wie die Abdeckung von 30 Prozent des Anstiegs beim Nahrungsmittelbedarf zu erreichen. Die Ursache dafür ist in der Politik der großen, in diesem Bereich tätigen privaten Unternehmen zu sehen: Sie konzentrieren ihre Forschungsbemühungen bisher nicht auf Ertragszuwächse in den Entwicklungsländern, sondern auf eine qualitative Verbesserung der Produkte für die Bauern in den reichen Ländern der Welt, denn dort, auf den Märkten der reichen Länder, ist das große Geld.

Es ist daher wichtig, dass die öffentliche Forschung alles daran setzt, das Forschungspotenzial der Biotechnologie auszuschöpfen, um zumindest einige der weiter oben aufgelisteten vorrangigen Probleme der Dritten Welt zu lösen. Auch die Schwerpunkte in privaten und öffentlichen Forschungseinrichtungen variieren. Das heißt jedoch nicht, dass Erkenntnisse einer Seite nicht von der anderen Seite aufgegriffen bzw. umgesetzt werden können. Auf die erheblichen Einschränkungen und Hindernisse für eine konstruktive, enge Zusammenarbeit zwischen privater und öffentlicher Forschung wird in Kapitel 7 eingegangen.

Forschung kann nach den unterschiedlichsten Kriterien eingeteilt werden, je nachdem, welche Interessen damit verbunden sind: private oder öffentliche, Interessen der Industrie- oder der Entwicklungsländer, der Bauern oder der Konsumenten. Es geht dabei nicht notwendigerweise um widersprüchliche Kategorien; es kann viele Überschneidungen geben, wenn sich Vorteile für alle Beteiligten ergeben. Der Einfachheit halber wollen wir uns in diesem Abschnitt auf die Forschungsinteressen aus dem Blickwinkel der Industrieländer im Gegensatz zu jenem der Entwicklungsländer beschränken, wobei uns stets bewusst ist, dass beide Seiten ein großes gemeinsames Interesse daran haben, die Entwicklung eines widerstandsfähigen, qualitativ hochwertigen landwirtschaftlichen Pflanzenmaterials zu fördern.

Schwerpunkte in der entwickelten Welt

Für die agro-biotechnische Forschung in den Industrieländern ging es zunächst vor allem darum, einen Weg zu finden, Nutzpflanzen resistent gegen wenig aggressive chemische Unkrautvertilgungsmittel zu machen, sodass die Bauern diese Chemikalien spritzen und damit das Unkraut rund um die Pflanzen vertilgen konnten, ohne die Nutzpflanzen zu schädigen. Als dies gelang, war das ein positiver Schritt für die Umwelt, da diese wenig aggressiven Pestizide die Umwelt nur geringfügig oder überhaupt nicht belasten. Begrüßt wurde diese Entwicklung aber in erster Linie von den Bauern, deren Arbeit durch den Wegfall des mühseligen und zeitraubenden Unkrautjätens in der Nähe der Pflanzen leichter wurde; durch die sinkenden Arbeitskosten stiegen die Gewinne. Aber auch die agroindustriellen Unternehmen, die das Saatgut für diese Pflanzen verkauften, profitierten davon, vor allem wenn sie zufällig auch Unkrautvertilgungsmittel herstellten. Der Durchbruch in diesem Forschungsbereich gelang aber vor allem deshalb, weil das Vorhaben technisch machbar war – da die Resistenz von einem einzigen Gen gesteuert wird.

Hohe Priorität in der Forschung genoss auch die Entwicklung eines Pestizids wie Bt, das in die Pflanze eingeschleust wird, ein Vorhaben, das sich ebenfalls als machbar erwies. Bei den Bauern in den Industrieländern ist es sehr beliebt, weil dadurch die Kosten für den Kauf von industriellen Pestiziden und die Spritzarbeit gesenkt werden könnten. Eine Verringerung des häufigen, ausgiebigen Spritzens kommt darüber hinaus der Umwelt zugute. Auch aus der Sicht der Saatgutproduzenten birgt dies finanzielle Anreize. In einem nächsten logischen Schritt ist man in der Forschung derzeit bemüht, beide Eigenschaften in einer Pflanze zu kombinieren: Resistenz gegenüber Schädlingen und Unkrautvertilgungsmitteln. Dabei werden die neuen Eigenschaften durch Einschleusung von Genen bewirkt.

Fortschritte konnten auch beim „Ausschalten" bestimmter Gene bei Nutzpflanzen erzielt werden, die bewirken, dass Früchte beispielsweise später reifen und so Transport und Lagerung besser tolerieren, was den Abfall verringert. Vorteile bringt dies sowohl für Bauern und Großhändler in den Industrie- als auch in den Entwicklungsländern.

Aus der Sicht der Verbraucher interessanter ist die Möglichkeit, Giftstoffe aus den Nutzpflanzen zu eliminieren und deren Neigung zur Pilzbildung auszuschalten, wodurch diese Produkte gefahrloser verzehrt werden könnten. Ebenso wird daran geforscht, die allergene Wirkung jener Pflanzen zu verringern, die häufig allergische Reaktionen hervorrufen, wie etwa Weizen, Erdnüsse und Sojabohnen. In der ökologischen Landwirtschaft bzw. bei konventionellen Züchtungsmethoden kann man die allergenen Tendenzen dieser Pflanzen nicht wirksam in den Griff bekommen.

In eine ganz neue Richtung geht die derzeit laufende Offensive bei der Pflanzenzucht, die auf eine Verbesserung der gesundheitsfördernden Eigenschaften der Pflanzen abzielt. Schon bald sollten gesündere Pflanzenöle mit einem höheren Anteil an ungesättigten Fettsäuren auf den Markt kommen. Gibt es ein besseres Argument für die Akzeptanz von genetisch veränderten Nahrungsmitteln als eine Margarine, die mit dem Slogan wirbt: „Diese Margarine senkt Ihren Cholesterinspiegel"? Damit steht ein wirklicher Fortschritt unmittelbar bevor. Ein anderes Beispiel sind Kartoffeln mit einem höheren Stärkegehalt. Sollten sie gleichzeitig beim Frittieren auch weniger Fett aufnehmen – wobei wir dann gesündere Pommes frites essen könnten –, wäre dies aus ernährungswissenschaftlicher Sicht ein großer Schritt nach vorne. Es könnten auch süßere Obstsorten mit einem besseren Aroma entwickelt und blasseren Sorten mehr Farbe beigefügt werden.

Die Bauern freuen sich über die gute Nachricht, dass die Saatgutproduzenten in wenigen Jahren in der Lage sein werden, ihnen verbessertes Futtergetreide anzubieten. Die Entwicklung einer Maissorte mit Körnern, die den doppelten Ölgehalt gegenüber heutigen Sorten aufweisen – ein Anstieg von drei bis vier auf sechs Prozent –, schreitet zügig voran. Die Bauern werden bei Rindern, Schweinen und Geflügel dann weniger Futterkonzentrate füttern müssen, wodurch die Produktion einfacher und billiger wird. Damit wird auch der Importbedarf für Futtergetreide minimiert, das zum Teil aus den Entwicklungsländern kommt. Das ist sowohl ein Vorteil als auch ein Nachteil für die Entwicklungsländer. Zum einen wird dadurch Ackerboden, auf dem derzeit Futtergetreide angebaut wird, frei für den Anbau von Nahrungsmitteln – ein Plus auf der Versorgungsseite, zum anderen gehen den Exportländern Einnahmen verloren – ein Minus auf der Einkommensseite. Bis vor kurzem führten alle Versuche, den Ölgehalt bei Mais zu erhöhen, zu einem Ertragsrückgang. Nachdem die Züchtung nun auf der Grundlage von Genkarten für Mais erfolgen konnte – es handelt sich dabei also nicht um eine genetische Veränderung *per se*, sondern um ein wertvolles Nebenprodukt aus der Investition in eine neue Technologie –, scheint eine Verbesserung nun ohne Ertragseinbußen möglich. Auch bei anderen Eigenschaften im Futtergetreide sind Verbesserungen geplant; so soll etwa der Anteil der Aminosäuren (die uns beispielsweise mit mehr und besseren Proteinen im Brotgetreide versorgen) und Mikronährstoffe erhöht werden.[9]

---

[9] G. M. Kishore und C. Shewmaker, Biotechnology: Enhancing Human Nutrition in Developing and Developed Worlds, Beitrag anlässlich des Kolloquiums Plants and Population: Is There Time?, 5.–6. Dezember 1998, Irvine, Kalifornien. Hier zitiert nach PNAS online, Bd. 96, Ausgabe 11, 25. Mai 1999, www.pnas.org/cgi/content.

Schon heute ernten Konsumenten und Bauern die ersten Früchte der Umstellung auf umweltfreundlichere Herbizide und die Bemühungen um die Entwicklung von Pflanzen, die resistent gegenüber den gängigen Pflanzenkrankheiten und Schädlingen sind, schreiten voran. Dadurch wird es zu geringeren Konzentrationen von agrochemischen Rückständen kommen, wobei Erfolge in diesem Bereich vor allem für die Bauern in der Dritten Welt von großem Nutzen sein werden.

Betrachten wir lediglich, was von den privaten Unternehmen zu erwarten ist, so kann man kaum annehmen, dass die dort laufenden Forschungsarbeiten zu einer Lösung des Welternährungsproblems führen werden. Es gibt keine nennenswerten Bemühungen, die Ertragsobergrenze bei den wichtigsten Nutzpflanzen anzuheben, da es diesen Unternehmen in erster Linie darum geht, sich einen Marktanteil in den Industrieländern zu sichern, wo es Nahrungsmittel im Überfluss und zu relativ billigen Preisen gibt.

Enttäuscht muss festgestellt werden, dass die in diesem Bereich führenden Unternehmen keinen Groschen in den Versuch investiert haben, die biologischen Grenzen für deutliche Ertragssteigerungen zu durchbrechen. Zu Recht gerät diese Einstellung in letzter Zeit unter Beschuss. Kritiker weisen darauf hin, dass entsprechende Zusagen zur Zeit des ersten biotechnologischen Durchbruchs in den frühen 1980er-Jahren zu Gunsten von lukrativen – und simplen – Lösungen für die profitorientierten Agrarkonzerne der Industrieländer über Bord geworfen wurden. Die Ergebnisse der ersten Generation lassen nur wenig Hoffnung aufkommen, dass die derzeit verfügbaren genetisch veränderten Pflanzen die Lösung für das Welternäherungsproblem sind.

Ein kurzes Zwischenspiel

Als die potenziellen Möglichkeiten der Gentechnik Mitte der 1980er-Jahre in das Bewusstsein der Öffentlichkeit zu dringen begannen, zählte der Ersatz bestehender Produkte zu den beunruhigendsten Themen; Bilder verschiedener pflanzlicher Produkte wurden heraufbeschworen, die durch industriell erzeugte Aromen ersetzt würden, die aus weiß Gott welchen Mikroorganismen zusammengebraut werden.[10] Eine offensichtliche Parallele war die damals stattfindende Umstellung von Zucker auf chemische Süßstoffe, bei denen allerdings keine genetische Veränderung mit im Spiel war.

Eine Reihe weiterer Möglichkeiten zeichnete sich bedrohlich am Horizont ab, wobei an die Stelle von charakteristischen Nutzpflanzen der Dritten Welt wie beispielsweise Vanille und Kakao annehmbare künstliche Ersatzstoffe, die mit Hilfe der Gentechnologie erzeugt werden, zum Einsatz kommen könnten. Die umfangreiche Produktion stärkehaltiger Nahrungsmittel in der Dritten Welt, wie etwa das Wurzelgewächs Tapioka, das in Thailand angebaut wird, drohte in jenen Ländern, die üblicherweise Stärkeprodukte importierten, durch eine effiziente heimische Produktion verdrängt zu werden. Auch synthetische Produkte könnten möglicherweise auf den Markt kommen, wie dies einst bei Gummi der Fall war.

Allzu großer Pessimismus hinsichtlich eines gänzlichen Ersatzes dieser Produkte schien indes unangebracht. Einer der Hauptkritikpunkte an der Politik vieler Entwicklungsländer betraf deren gänzliche Abhängigkeit vom Verkauf derartiger Güter, wodurch ausgedehnte Ackerbauflächen in Plantagen für Export-Nutzpflanzen umgewandelt wurden. Die Kritiker drängten darauf, die heimische Produktion auf Nahrungsmittel für die Ernährung der ansässigen Bevölkerung umzustellen.

Als die Gentechnologie aufkam, war der Ersatz natürlicher durch künstliche Aromen bereits voll im Gange: Die genetische Modifikation würde diesen Prozess bestenfalls beschleunigen. Dabei geht es nicht um einen Interessengegensatz zwischen Entwicklungsländern und entwickelten Ländern, sondern viel-

---

[10] Henk Hobbelink, Nyt håb eller falske løfter? Bioteknologien og Den tredje Verdens landbrug, NOAH, Kopenhagen 1988.

mehr zwischen Landwirtschaft und Industrie. Der Geschmack von Zitronensäure stammt heute nur sehr selten von Zitronen aus Südeuropa und nur wenige Aromen werden nicht durch technisch hergestellte Stoffe verstärkt. Auch Zucker gerät ins Hintertreffen, wenn Substanzen wie „Glukosesirup" für die Süße in unserem Konfekt sorgen, ein Blick auf die Verpackungen genügt um zu sehen, wie weit wir es gebracht haben.

Jetzt aber läuft eine Gegenoffensive gegen die Substitution ursprünglicher Produkte durch anonyme Ersatzstoffe. In den reichen Ländern nimmt die Forderung der Verbraucher nach Qualität, Geschmack sowie deutlicher und verständlicher Verbraucherinformation zu. Der Markt dürfte also auch in diesem Bereich das Gleichgewicht diktieren. Genetische Veränderung spielte bei der Entwicklung von Ersatzprodukten sowieso keine entscheidende Rolle. Die großen biotechnologischen Unternehmen haben in diese Sparte bislang nicht viel investiert und man muss schon bis in die frühen 1990er-Jahre zurückgehen, um auf eine Zeit zu stoßen, in der die Produktion von Ersatzstoffen tatsächlich eine Schlüsselfrage in der Gentechnik-Diskussion war.

Die Prioritäten der Entwicklungsländer

In einem ganz anderen Licht erscheint das Potenzial der Gentechnologie, wenn wir uns vor Augen halten, welche Möglichkeiten die Forschung für die Entwicklungsländer bereithält. Die Liste der für die Landwirtschaft in den Industrieländern entwickelten gentechnisch veränderten Nutzpflanzen hat nur wenig Ähnlichkeit mit jenem Spektrum an Pflanzen, das in der Dritten Welt angebaut wird. Die Forschungsinstitute der CGIAR-Gruppe (siehe Kapitel 2) konzentrieren ihre biotechnologische Forschung (die viel mehr als bloß genetische Veränderung umfasst) auf Mais, Maniok, Bohnen, Reis, Weizen, Kartoffeln, Süßkartoffeln, Gerste, Linsen, Hirse, Sorghum, Früchte und verschiedene für die Agroforstwirtschaft nützliche Mehrzweckbäume.¹¹ Mit Ausnahme von Mais unterscheidet sich diese Liste deutlich von jener der privaten Saatgutunternehmen.

Beherrscht wird diese Aufzählung von den so genannten „Stiefkindern" unter den Nutzpflanzen, jenen Nutzpflanzen also, die nur einen sehr beschränkten kommerziellen Anreiz bieten, weil sie vorwiegend von armen Kleinbauern für den Eigenbedarf angebaut werden; diese verfügen meist nur über wenig Geld für verbessertes Pflanzenmaterial und können sich ein solches zweifellos nicht jedes Jahr leisten. Vom privaten Sektor wurde daher im Laufe der Jahre nur wenig in die Forschungs- und Entwicklungsarbeit an diesen Nutzpflanzen investiert. Die öffentliche Forschung hingegen beschäftigt sich nun auf nationaler und internationaler Ebene mit diesen Pflanzen, die daher nicht mehr ganz so stiefmütterlich behandelt werden wie früher.

Ein Blick auf die Liste laufender Forschungsvorhaben zur Verbesserung der Reispflanze – eine der Hauptnutzpflanzen in den Entwicklungsländern und die wichtigste Getreidesorte der Welt – zeigt, dass sich die aus öffentlichen Geldern finanzierte Forschung vorrangig auf die Probleme der Kleinbauern und armen Konsumenten konzentriert. Die Forschungsarbeiten in den aufgelisteten Projekten zielen auf die Entwicklung einer Resistenz gegenüber Pflanzenviren und anderen Pflanzenkrankheiten, die Stärkung der Widerstandsfähigkeit gegenüber Schädlingen sowie die Toleranz von Überflutung ab. Was den Gehalt an Nährstoffen betrifft, arbeiten die Wissenschaftler daran, den Eisengehalt zu erhöhen und Reis mit Beta-Karotin anzureichern, das im menschlichen Körper in Vitamin A umgewandelt wird.¹²

---

[11] M. Morris und D. Hoisington, Bringing the Benefits of Biotechnology to the Poor: The Role of CGIAR Centers, Beitrag auf der Konferenz Agricultural Biotechnology in Developing Countries: Toward Optimizing the Benefits for the Poor, Zentrum für Entwicklungsforschung (ZEF), Bonn, 15.–16. November 1999.

[12] Ebda.

Die Forscher konzentrieren sich auf die Erstellung von Genkarten für Reis, um mit deren Hilfe vorteilhafte Eigenschaften in anderen Bereichen zu ermöglichen. Ganz oben auf ihrer Prioritätenliste steht die Verbesserung der Fähigkeit der Pflanzen, verschiedenen Pflanzenkrankheiten standzuhalten – vor allem bestimmten Pilzarten – sowie Insekten abzuwehren. Auch die Möglichkeit einer Vorverlegung der Blüte und damit einer kürzeren Wachstumsperiode wird untersucht und man arbeitet daran, die Widerstandsfähigkeit der Reispflanze gegenüber Trockenheit und Kälte zu verbessern. Die Reisforschung wird zu einem nicht unwesentlichen Teil von der Rockefeller Foundation finanziert. Seit den späten 1980er-Jahren hat die Rockefeller Foundation etwa 100 Millionen Dollar in Forschungskollaborationen und in die Ausbildung von Wissenschaftlern in den Entwicklungsländern investiert. Auch kleinere Summen für Forschungsarbeiten in jenen beiden führenden Industrieländern, die große Erfahrungen mit Reis haben – Japan und Südkorea –, wurden bereitgestellt.[13]

In einem weiteren viel versprechenden Gentechnik-Projekt bemüht man sich, eine gewisse Salzwasserverträglichkeit der Nutzpflanzen zu erreichen, sodass sie mit Brackwasser bewässert werden können und kleinere Überflutungen in den Küstengebieten ihnen nichts anhaben. Bei einem erfolgreichen Abschluss dieser Forschungsarbeiten könnten – und das wäre vielleicht das wichtigste Ergebnis – ausgedehnte Landstriche, wie etwa die Ebenen Pakistans, die durch die Salzablagerungen aus den Jahren willkürlicher Bewässerung im ersten Überschwang der Grünen Revolution unfruchtbar geworden sind, wieder landwirtschaftlich genützt werden. Es gibt auch Anzeichen dafür, dass ein Erfolg in diesem Bereich Pflanzen hervorbringen könnte, die eine gegebene Wassermenge besser ausnützen könnten und daher auch in niederschlagsarmen

---

[13] Iron-fortified Rice, Nature Biotechnology Presseaussendung, Nature, März 1999.

Gebieten, wie etwa weiten Teilen des südlichen Afrika, in Nordafrika und dem Nahen Osten, besser gedeihen würden.[14]

Wie bereits zuvor erwähnt, hat die konventionelle Pflanzenzüchtung große Fortschritte dabei erzielt, Getreide und andere Nutzpflanzen mit einem höheren Vitamin- und Mineralstoffgehalt auszustatten. Reis mit Vitamin A anzureichern, wurde jedoch erst durch genetische Veränderung möglich. Die Weiterentwicklung der Methoden der Gentechnologie könnte auch dazu beitragen, die Mikronährstoffe in jenen Pflanzenteilen zu konzentrieren, die üblicherweise verzehrt werden – der Kern oder die Wurzel – und es ermöglichen, die so genannten Hemmstoffe in der Pflanze zu neutralisieren, also jene chemischen Substanzen, die eine Absorption der Nährstoffe einschränken. Man rechnet damit, dass bei dem neu entwickelten Prototyp von Reispflanzen 30 bis 50 Prozent des täglichen Eisenbedarfs eines Erwachsenen durch eine Schale Reis gedeckt werden.[15]

Derartige Anreicherungen kommen zweifellos den armen Konsumenten zugute, aber gerade dieser Faktor könnte eine Einschränkung bedingen. Ein Markt, der nicht in der Lage ist, mehr für bessere Qualität zu bezahlen, würde den Bauern keinen großen Anreiz bieten, von ihren traditionellen Sorten abzugehen und neue anzubauen. Der höhere Gehalt an Mikronährstoffen könnte jedoch auch das Pflanzenwachstum ankurbeln. Wenn die Pflanzen kräftiger und widerstandsfähiger gegenüber Krankheiten sind, kann es nur im Interesse der Bauern liegen, auf diese neuen Sorten umzusteigen. Und das sieht einmal mehr nach einem doppelten Gewinn aus, zum einen für die Bauern, zum anderen für die Konsumenten. Die Bemühungen der Forschung um eine Verbesserung des Mikronährstoffgehalts in den Nutzpflanzen begannen bereits Mitte der 1990er-Jahre, als die Gentechnologie noch nicht aktuell war. Die Ziele

---

[14] W. B. Frommer et al., Taking Transgenic Plants with a Pinch of Salt, Science 285, 20. August 1999.
[15] D. T. Avery, Golden Rice Could Combat Third World Malnutrition, Bridge News Forum, Bridge News, New York, 27. August 1999.

waren zwar viel versprechend, die Wege dorthin aber noch etwas vage. Inzwischen wurde unter Einsatz der Gentechnologie und finanziert durch das Rockefeller Programm eine neue Reissorte, der „Goldene Reis", entwickelt. (Der Reis ist deshalb goldfarben, weil das Beta-Karotin dem Korn eine orange-rote Färbung verleiht.) Das Tempo, mit dem die Arbeiten voranschreiten, und die Zuversicht, dass der Goldene Reis auch bald in der Praxis eingesetzt werden kann, nehmen rasch zu, was zur Folge hat, dass mit noch größerer Entschlossenheit nach weiteren Möglichkeiten gesucht wird, den Gehalt an Mikronährstoffen in den Hauptnahrungsmitteln zu erhöhen.

Bereits an früherer Stelle in diesem Buch wurden weitere Beispiele für einen alternativen Ansatz bei der Anwendung der Gentechnologie erwähnt, wie etwa die Arbeiten an der Entwicklung von Getreide, das Stickstoff aus der Luft aufnehmen kann, wodurch sich die Notwendigkeit von Stickstoffdünger erübrigen oder zumindest reduziert würde.

Schon längere Zeit hatte man sich in Kenia – zunächst erfolglos – bemüht, die Süßkartoffel resistent gegen Viren zu machen, der Durchbruch gelang erst mit der Gentechnik. Eine simple, bei der Vermehrung angewandte Methode, nämlich eine Gewebekultur, die von manchen Bauern selbst durchgeführt werden kann, garantiert gesunde Ableger der neuen, Viren-resistenten Sorte, die aller Voraussicht nach 2002 auf den Markt kommen dürfte. Es wird zudem daran gearbeitet, die neue Sorte resistent gegen einen weiteren Feind – einen bestimmten Käfer – zu machen. Man hofft, die Entwicklung dieser zweifach gestärkten Sorte bis 2004 abschließen zu können. In einem ganz schlechten Jahr kann die Ernte von Süßkartoffeln allein durch Viren bis zu 80 Prozent vernichtet werden, und wenn das Virus auf den Feldern auftaucht, liegen die Verluste nur selten unter 20 Prozent.[16]

---

[16] F. Wambugu, Why Africa Needs Agricultural Biotech, Nature 400, 1. Juli 1999.

Ökologisch orientierte Reisbauern in Asien werden sich freuen zu hören, dass japanische Forscher große Fortschritte bei der Entwicklung gentechnisch veränderter Sorten erzielt haben, die eine natürliche Methode der Schädlingsbekämpfung – ein Biopestizid mit der Abkürzung NPV – verstärken. Da die Blätter dieser neuen Sorte nur drei Prozent der üblichen Dosierung von NPV benötigen, um gegenüber Schädlingen resistent zu werden, kann die Spritzmenge beträchtlich verringert werden. Ein ökologisch wirtschaftender Gärtner müsste schon ein richtiger Dickschädel sein, würde er einen derartigen Fortschritt in den Wind schlagen.

Wir könnten mit der Aufzählung der von den Wissenschaftlern projektierten Arbeiten fortfahren, zu denen so hoch gesteckte Ziele zählen wie die effizientere Ausnützung des Sonnenlichtes während der Wachstumsphase oder die Entwicklung einer genetisch veränderten Getreidesorte, die das Potenzial hat, Gebiete mit einem hohen natürlichen Aluminiumgehalt fruchtbar zu machen – Ödland oder Savannengebiete, die sonst nicht bewirtschaftet werden können.

In China ist man bereits über das Stadium hinaus, von möglichen Vorteilen lediglich zu sprechen. Hier wird massiv in die Entwicklung von gentechnisch veränderter Baumwolle und einer Reihe von Nahrungsmitteln, darunter Reis, Kartoffeln, Tomaten und Mais, investiert. Ziel ist es, die hohe, durch die Bewässerung und Toxine im Erdreich verursachte Umweltbelastung zu verringern und eine dringend benötigte Ertragssteigerung der Pflanzen zu erreichen. Die Chinesen sprechen zwar nicht viel darüber, haben ihre Forschungsanstrengungen aber offensichtlich massiv auf gentechnologische Programme ausgerichtet. Die gewundene Doppelhelix der DNA-Struktur ziert in Form von Skulpturen zahlreiche Plätze und Märkte des Landes und taucht bei großen Paraden zu nationalen Feiertagen an prominenter Stelle auf.[17] Offenkundig getragen von einer

---

[17] Karby Leggett und Ian Johnson, China Bets Farm on Promise of Genetic Engineering, Dow Jones/Wall Street Journal, New York, 29. März 2000.

Welle der Begeisterung auf offizieller Seite, werden diese Vorhaben aus öffentlichen Mitteln finanziert. Erwähnt sei in diesem Zusammenhang, dass China an sechster Stelle jener Länder steht, die zur Mitarbeit an einem großen, öffentlich finanzierten Projekt zur Kartierung des menschlichen Genoms aufgefordert wurden. Die Beteiligung an einem derartigen Vorhaben verlangt in jedem Sinn des Wortes nach Größe. In anderen Ländern ist die Gentechnik-Diskussion vielleicht an einem toten Punkt angekommen oder dreht sich im Kreis, China hingegen scheint mit voller Kraft voranzustürmen.

Wem kommt dieses Potenzial nun zugute?

Die Konzentration der Gentechnologie auf die Landwirtschaft in den Entwicklungsländern bietet zwar viele Möglichkeiten diese anzukurbeln, was aber nicht notwendigerweise heißt, dass die Vorteile den Armen – Bauern wie Konsumenten – zugute kommen. Damit sie davon profitieren, bedarf es gemeinsamer Anstrengungen.

Ein geeigneter Ausgangspunkt ist die Verbesserung jener Nutzpflanzen, die vorwiegend von Kleinbauern für den Eigenbedarf angebaut oder von den Armen gekauft werden. In diese Kategorie fallen mehrere der bereits erwähnten Nutzpflanzen. Im Falle der Süßkartoffel wurde in Kenia beispielsweise sorgfältig analysiert, welche Wirkung von verbesserten Sorten ausgehen könnte.[18] Knollengewächse sind charakteristischerweise Nahrungsmittel der armen Bevölkerung und werden überwiegend von Frauen angebaut. Meist werden sie von den Kleinbauern und ihren Familien selbst verzehrt, der Rest wird am lokalen Markt oder in den Armenvierteln der Stadt verkauft.

---

[18] M. Quaim, The Economic Effects of Genetically Modified Orphan Commodities: Projections for Sweetpotato in Kenya, ISAAA und Zentrum für Entwicklungsforschung (ZEF), Bonn 1999.

Die zweifache Resistenz sowohl gegen Viren als auch gegen Käfer dürfte eine Ertragssteigerung von 43 Prozent bringen, wodurch die Anbaukosten pro Hektar um 36 Prozent gesenkt würden. Da afrikanische Bauern nie alles auf eine Karte setzen, ist die biologische Vielfalt in der Landwirtschaft groß und die neuen Pflanzen würden lediglich einige der früheren Sorten ersetzen, vermutlich knapp 50 Prozent. Um diesem Wunsch der Bauern und Konsumenten nach Vielfalt zu entsprechen, arbeiten die Forscher an der genetischen Veränderung von fünf verschiedenen Süßkartoffelarten. Berechnungen zufolge würde selbst ein Umstieg auf die neuen Sorten in so beschränktem Ausmaß einen jährlichen Gewinn von mehr als 12 Millionen Dollar bringen. Und Süßkartoffeln werden lediglich auf 2 Prozent der landwirtschaftlich genutzten Fläche Kenias angebaut.

Wirtschaftswissenschaftler können heute aus ihren Modellen die unterschiedlichsten Informationen ableiten; so können sie etwa berechnen, dass drei Viertel dieses Gewinnes den Bauern zugute kommen wird, während der Rest über niedrigere Preise an die Verbraucher weitergegeben wird. Diese Rechnung ist relativ einfach, da Süßkartoffeln weder importiert noch exportiert werden. Die Forscher stehen kurz vor Abschluss der Entwicklung des Produkts und sie kennen die Einstellung der Bauern zu den neuen Sorten von den Versuchen auf den Testfeldern. Die bei diesen Forschungsarbeiten eingesetzte Technologie wurde zum Teil von dem amerikanischen Unternehmen Monsanto kostenlos zur Verfügung gestellt, das Kooperationsabkommen mit diversen öffentlich finanzierten Forschungseinrichtungen abgeschlossen hat. Monsanto hat sich bereit erklärt, Technologie in begrenztem Umfang für den Einsatz in jenen Ländern zur Verfügung zu stellen, wo Monsanto durch seine Forschung keinen Gewinn erwarten kann.

Damit wird Forschung relativ billig, aber selbst unter Berücksichtigung gewisser „versteckter Kosten" im Zusammenhang mit der vermeintlich kostenlosen Bereitstellung, lohnt sich für ein Land wie Kenia die Investition in verbessertes Pflanzenmaterial, wird doch der jährliche Gewinn auf 60 Prozent der

Ausgaben für Forschung und Entwicklung geschätzt. Diese Zahl beinhaltet die Kosten für die neue Technologie mit beträchtlichen Anfangsausgaben, war die Süßkartoffel doch die erste gentechnisch veränderte Nutzpflanze, die zu Versuchszwecken in Kenia angebaut wurde.

Ein weiteres, aus Mexiko[19] stammendes Beispiel ist insofern etwas komplizierter, als es sich um Kartoffeln handelt, die sowohl von Klein- als auch von Großbauern angebaut und an Leute aller Einkommensschichten verkauft werden. Darüber hinaus bevorzugen die verschiedenen Verbrauchergruppen und die Industrie unterschiedliche Geschmacksrichtungen, was es etwas schwieriger macht, die Auswirkungen auf die verschiedenen Kategorien von Bauern und Konsumenten vorherzusagen.

Die Produktionskosten für eine Tonne Kartoffeln sind für Klein-, Mittel- und Großbauern ungefähr gleich hoch. Der Ertrag kann mit 11 bis 31 Tonnen pro Hektar jedoch sehr stark variieren. Letztlich produzieren die Großbauern 64 und die mittelgroßen Bauern 24 Prozent der Kartoffelernte, während die Kleinbauern lediglich 12 Prozent einfahren. Diese Zahlen verschweigen jedoch, dass ein Kleinbauer – trotz der für alle gleich hohen Kosten – Ausgaben von etwa 1.400 US-Dollar pro Hektar hat, während die Großproduzenten etwa dreimal so viel investieren, weil sie großzügig mit Agrochemikalien spritzen und in regelmäßigen Abständen neue, gesunde Saatkartoffeln kaufen.

Kleinbauern setzen nur selten landwirtschaftliche Chemikalien ein – nur, wenn sie sich wirklich nicht anders helfen können – und statt Saatkartoffeln zu kaufen, legen sie Kartoffeln für die Aussaat beiseite oder tauschen sie mit ihren Nachbarn, was die Gefahr mit sich bringt, in den Saatkartoffeln inhärente Krankheiten weiterzugeben. In Folge derartiger von Viren befallener Pflanzen müssen sie Verluste von bis zu 35 Prozent in Kauf nehmen, während die vergleichbare Größenordnung bei

---

[19] M. Quaim, Potential Benefits of Agricultural Biotechnology: An example from the Mexican Potato Sector, Review of Agricultural Economics, Volume 2, Nr. 2.

mittelgroßen Bauern 25 und bei Großbauern lediglich 15 Prozent beträgt. Drei verschiedene Viren gefährden mexikanische Kartoffeln. Monsanto stellte Mexiko, zum Teil kostenlos, eine Technologie zur Verfügung, mit deren Hilfe die Resistenz gegen Viren erhöht werden soll, wobei von der öffentlichen Hand finanzierte internationale Einrichtungen als Vermittler fungieren. Aber die Geschichte hat einen Haken.

Die Klein- und Mittelbauern bevorzugen die rotschalige Kartoffel, die über eine gewisse Widerstandsfähigkeit verfügt, aber nur von der armen Bevölkerung gekauft wird, während die großen Farmen weiße Kartoffeln für den Verkauf an reiche Verbraucher und an die Industrie produzieren. Diese weißen Kartoffeln werden jedoch auch in den Vereinigten Staaten angebaut und verkauft, dem angestammten Markt von Monsanto. Sobald das North American Open Market Agreement (Vereinbarung über den offenen nordamerikanischen Markt) einmal voll in Kraft tritt, könnten mexikanische Großfarmer mit großer Wahrscheinlichkeit den US-Farmern Konkurrenz machen. Das Technologieabkommen sieht daher vor, dass die Gene, die eine Resistenz gegen zwei der tödlichen Viren bewirken, in alle Sorten eingebaut werden dürfen, während das dritte Antivirusgen – kostenlos – nur dazu verwendet werden darf, jene Sorten zu verbessern, die von den armen Konsumenten und den Kleinbauern bevorzugt werden.

Vom Standpunkt des Kleinbauern sieht das nach einem guten Geschäft aus. Er oder sie kann deutlich mehr Kartoffeln pro Hektar produzieren und die Kosten beträchtlich senken. Die Kleinbauern sind die Hauptnutznießer der neuen Sorten, da sie aus einem Hektar etwa dreimal so viel wie ein Großbauer herausbekommen – entweder durch höhere Erträge oder durch geringere Ausgaben. Die mittelgroßen Bauern bewegen sich einmal mehr zwischen den beiden Extremen.

Die Kleinbauern werden wohl am meisten profitieren, weil ihre durch die Viren verursachten großen Verluste ausgeglichen werden. Die Vorteile für die Großbauern sind geringer, weil sie sich durch Spritzungen bereits selbst auf kostspielige Weise gegen die Viren schützen. Und sie werden auch in Zukunft einiges für Spritzmittel gegen das dritte und gefährlichste Virus ausgeben müssen, das die weiße Kartoffel befällt – oder sie müssen das verbesserte Pflanzenmaterial kaufen, das zweifellos auf kommerzieller Basis auf den Markt kommen wird.

Diese rosigen Aussichten werden aber nicht ohne weiteres zur Gänze Wirklichkeit werden. Die Kleinbauern sind nicht daran gewöhnt, neue Saatkartoffeln zu kaufen. Sollten die Bauern an ihrer derzeitigen Praxis festhalten, dürften die mittelgroßen Bauern für die neuen Möglichkeiten aufgeschlossener sein als die Kleinbauern. Sowohl die mittelgroßen als auch die großen Bauern würden rasch auf die neuen Sorten umsteigen. Die Kleinbauern hingegen dürften wahrscheinlich nur langsam zu den neuen Sorten wechseln, und auch dann vermutlich nur zu etwa 30 Prozent. Würden hingegen die neuen Kartoffelsorten im Rahmen eines öffentlich finanzierten Austauschprogramms nach dem Motto „alte Kartoffeln gegen neue" verbreitet, wie dies bei anderen Nutzpflanzen in einigen Entwicklungsländern geschehen ist, stünden die Kleinbauern aller Wahrscheinlichkeit nach Schlange. Innerhalb weniger Jahre würden sie völlig auf die neuen Sorten umsteigen. Und dann könnten sie jeweils etwas von ihrer Ernte als Saatgut zurückbehalten.

Es könnte nicht einfacher sein

Wenn die Wissenschaftler, die sich mit der landwirtschaftlichen Forschung beschäftigen, in sehr pessimistischer Stimmung sind, sehen sie die Zukunft vor allem für Afrika sehr düster, wo die Bauern immer noch mit einer Technologie und Anbaumethoden arbeiten, die nur sehr geringe Erträge bringen. Sind sie etwas optimistischer, freuen sie sich darüber, dass der Alltag der Kleinbauern in vielen Teilen der Welt – auch in Afrika – durch erfolgreiche, einfache und maßgeschneiderte Forschungsergebnisse auf vielfältige Weise erleichtert werden konnte.

Genetische Veränderung bei landwirtschaftlichen Nutzpflanzen verdient eine optimistische Betrachtungsweise und die hier zitierten Beispiele zeigen, warum: Ein einziger Faktor, eine neue Pflanze, wird in die bestehende landwirtschaftliche Produktion aufgenommen – ohne viel Aufhebens, aber mit weit reichenden Konsequenzen und ohne jegliche Veränderung der übrigen Faktoren. Wissenschaftlern und Regierungsbehörden mag der Weg dorthin schwer und steinig vorgekommen sein, den Bauern aber kommt alles ganz einfach vor.

Die gute Nachricht – „Es ist alles im Samen"

Wenn es gute Neuigkeiten zu vermelden gibt, wird wohl kaum ein landwirtschaftlicher Berater, der sein Geld wert ist, die Gelegenheit versäumen, ein paar Geschäftsgeheimnisse preiszugeben. Die von den nach konventionellen Methoden gezüchteten neuen Pflanzensorten bewirkten „Wunder" resultierten sowohl aus dem in ihrem Stammbaum angelegten höheren Ertrag als auch aus der größeren Sorgfalt, die man den Pflanzen angedeihen ließ – Pflegemaßnahmen wie gründliches Unkrautjäten, die Verwendung von Kompost zur Anreicherung des Bodens und besondere Anstrengungen zur Verringerung des Abfalls und der Verluste nach der Ernte.

Aber alle zuvor genannten Angaben über die Vorteile der neu entwickelten, genetisch veränderten Nutzpflanzen beruhen ausschließlich auf den Leistungen, die das verbesserte Pflanzenmaterial selbst erbringt. Die Wirklichkeit könnte durchaus ganz anders aussehen: in einigen Bereichen schlechter, weil die Menschen erwarten, dass die Pflanzen nun alles von selbst tun, oder – was nach den Erfahrungen der Vergangenheit wahrscheinlicher ist – günstiger, weil es sich lohnt, etwas mehr Arbeit hineinzustecken, wenn der Neubeginn höhere Profite und mehr Nahrungsmittelsicherheit für den Bauern verspricht.

Siebentes Kapitel

Wer bestimmt den Kurs?

In diesem Kapitel wollen wir uns mit den verschiedenen Parteien beschäftigen, die Einfluss darauf nehmen, ob und unter welchen Bedingungen eine Weiterentwicklung der Gentechnik zulässig ist. Konsumenten, Unternehmen, Lobbyisten, Unterstützergruppen, Politiker und Bauern – sie alle sind Teil der Diskussion. Wem gehört die Technologie, zeichnet sich eine Monopolisierung ab? Und dann ist da auch noch die knifflige Frage der Ethik. Wagen wir uns auf verbotenes Terrain vor? Wie viel Schädliches oder Gutes steckt in dieser Technik?

Angesichts der Fülle von Berichten in den diversen Medien, fällt es nicht immer leicht, sich auf dem Laufenden zu halten. Die Medienmühle mahlt unaufhörlich weiter, wobei die Schwerpunkte fast stündlich wechseln. Und so können wir manchmal sogar wichtige Ereignisse verpassen, wenn wir ein paar Tage keine Nachrichten verfolgen. Die Wellen jedoch, die Ereignisse von wirklich großer Tragweite schlagen, brauchen üblicherweise einige Zeit, um sich wieder zu legen, und so gleicht sich jede Zeitspanne, die wir ohne Nachrichten verbringen, meist wieder aus.

Mitten in den weihnachtlichen Vorbereitungen titelte eine dänische NGO (NOAH) im Dezember 1999 lauthals: „Europaparlament verbietet genveränderte Nahrungsmittel".[1] Es verstrich allerdings ein ganzer Monat, bis wir anlässlich eines Besuches der NOAH-Homepage von dieser sensationellen Nachricht erfuhren. Die weit reichenden Folgen dieses Verbots für die

---

[1] www.sunsite.auc.dk/noah/gentek/pr.

europäische Forschung, Landwirtschaft, die Konsumenten und den Handel hatten indes keinen großen Aufschrei zur Folge. Wo waren alle? Bei Weihnachtseinkäufen? Wurde der Bericht später widerrufen?

Nichts von alledem. Die Geschichte stimmt bis zu einem gewissen Grad. Das Europäische Parlament hatte sich mit den Lieferanten der Restaurants und Cafeterias des Parlaments informell geeinigt, dass keine genetisch veränderten Produkte für die in ihren Küchen zubereiteten Speisen verwendet werden sollen. Bei den nächsten Ausschreibungen werden die Verträge vermutlich eine Klausel enthalten, die gentechnisch veränderte Produkte ausschließt.

Da haben wir es nun. Das ist zweifellos eine Erklärung, die rein rechtlich sogar vor Gericht standhalten würde. Dennoch hatten wir das dumpfe Gefühl, dass an dieser Geschichte mehr dran war, als NOAH darüber berichtet hatte. Die Nachricht trug eine dänische Überschrift, der Text jedoch war auf Englisch und stammte von einer dänischen Internet-Adresse, die auf „noah/gentek/pr" endete. Nun, die ersten beiden Teile der Adresse waren leicht zu entschlüsseln, aber was bedeutete „pr"? War dies vielleicht eine Abkürzung für Propaganda? Und zwar auf internationaler Ebene.

Der Kampf um Mitstreiter

Jeder, der versucht, sich bei den von bestimmten Umweltorganisationen weltweit herausgegebenen Berichten über genveränderte Nutzpflanzen auf dem Laufenden zu halten, wird „pr" mit großer Sicherheit nicht für eine Abkürzung von „public relations" halten. Derartige Artikel sehen in der Gentechnik üblicherweise ein schmutziges und gefährliches Geschäft, das man zum einen wie die Pest meiden und gleichzeitig aktiv bekämpfen sollte.

Von den vielen unflätigen Schimpfworten ist ein Ausdruck – „Frankenfood" – hängen geblieben. Derartige Presseaussendungen gehen meist Hand in Hand mit zahlreichen gut organisierten Fototerminen für die Presse, bei denen Demonstranten in eng anliegenden Schutzanzügen Razzien auf Versuchsfeldern unternehmen (ob dort gentechnisch veränderte Nutzpflanzen angebaut werden oder nicht – man kann sich ja schließlich auch einmal irren!). Auf diese Weise Stellung zu beziehen, scheint ziemlich hysterisch zu sein; eine Vorgehensweise, die den Mann auf der Straße (oder sagen wir den Konsumenten) durchaus veranlassen könnte, angesichts eines derart übertriebenen Theaters lediglich mit den Schultern zu zucken: Es ist ja nicht so, dass man sich durch die bloße Berührung einer gentechnisch veränderten Rübe eine Krankheit holen kann – wozu also die Gasmasken?

Und wenn jemand noch irgendwelche Zweifel hegen sollte: Die Gentechnik-Sektion von Greenpeace Dänemark macht es mit einer stark simplifizierenden Angstpropaganda auf ihrer Homepage deutlich. Dort schwimmt ein halb fertiger menschlicher Embryo in der Fruchtwasserblase einer durchsichtigen roten Tomate. „Schreckt Sie dieses Bild?", lautet die dazugehörige Unterschrift. Wetten, dass dem so ist! Es ist ein ganz schön abstoßender Anblick – und genau das wurde damit bezweckt. Dann aber beschwichtigt Greenpeace unsere Ängste ein wenig: „Keine Sorge! So etwas gibt es nicht – dennoch ..."[2] Wir haben es hier mit einer beispiellosen journalistischen Hetzjagd zu tun, die nicht einmal witzig aufgemacht ist – aber Übertreibung kann verständnisfördernd wirken. Weiter unten auf der Homepage hat man die Möglichkeit, „Informationen zur Gentechnik" anzuklicken, auch wenn dies vermutlich nicht der geeignetste Ort ist, sich eingehender über dieses Thema zu informieren.

Aber diese Art von Botschaft hat die von Greenpeace erwünschte Wirkung und die Tagespresse tendiert – bewusst oder unbewusst – dazu, die Message noch zu verstärken. Eine führende dänische Tageszeitung, *Politiken*, veröffentlichte einen sehr zurückhaltenden Artikel – der dennoch über sieben Spalten

---

[2] www.greenpeace.dk/www/kampagner/gen2.html.

Siebentes Kapitel

auf der Titelseite ihrer Sonntagsausgabe ging – über die „Jagd auf genetisch veränderte Nahrungsmittel"[3] betreffend Forderungen des Einzelhandels an die Großhändler, ihnen reinen Wein einzuschenken. Genau in der Mitte des Berichts finden sich jene weisen Worte über genetisch veränderte Inhaltsstoffe in der Nahrung: „... obwohl die Wissenschaftler dabei bleiben, sie seien weder gesünder noch weniger gesund als die konventionellen Mais- oder Sojaprodukte." Keine Woche später distanzierte sich ein Wirtschaftsjournalist in genau derselben Zeitung von dieser Ansicht unter der Schlagzeile: „Gesunde Schweine könnten teuer werden!"[4] Die Kernaussage seines Artikels lautet, dass es den dänischen Schweineproduzenten gerade erst klar zu werden beginnt, wie teuer es sein wird, ein Schwein für den Export nach Großbritannien zu produzieren, das seinen Rüssel unter Garantie nicht in genetisch verändertes Futter gesteckt hat. Es ist schon ein starkes Stück, zu behaupten, dass es deshalb besonders gesund sei. Aber Biotechnologie scheint nicht das Spezialgebiet dieses Journalisten zu sein. In 18 Zeilen bezeichnet er diese Schweine dreimal als „genfrei", aber nicht nur das, sondern sogar als genfrei „vom ersten bis zum letzten Glied in der Kette". Da müsste wohl nicht sehr viel an Gewicht exportiert werden!

Nun, *Politiken* könnte in diesem Fall zur eigenen Verteidigung anführen, dass dieser Bericht von Kollegen einer anderen dänischen Tageszeitung, *Aktuelt*, stammte, die auch sorgfältig als Quelle angegeben wird. So weit, so schlecht, könnte man sagen. Ist es wirklich zu viel von der Presse verlangt, herauszufinden, warum diese Worte „weder gesünder noch weniger gesund" nicht einmal in ihren eigenen Reihen Gehör finden? Die Schlagzeile und die Kernaussage des Berichtes hätte genauso gut lauten können „Kaum zu glauben – Die Briten wollen für dasselbe mehr bezahlen!" Aber die Presse weiß in solchen Fällen nur zu gut, was wirklich Schlagzeilen macht.

---

[3] Niels Nørgaard, Jagt på gensplejset mad, Politiken (Dänemark), 9. Januar 2000.
[4] Sund gris bliver dyr, Politiken (Dänemark), 15. Januar 2000.

Der Konsument hat immer Recht

Man könnte meinen, es sei eine erwiesene Tatsache, dass gentechnisch veränderte Nahrungsmittel eine Art Zeitbombe darstellen. Die Konsumenten, das heißt die Wähler, also die Leute, die Zeitungen lesen, nehmen offensichtlich Anstoß an all den finsteren Machenschaften rund um die Gentechnik. Indem sie mehr oder weniger kritiklos der Herde folgten, haben die Zeitungen selbst zur Verteufelung der Gentechnik beigetragen. Es ist schon lange her, seit sich die Presse selbst als „letzte Instanz der Aufklärung" gesehen hat, aber zumindest ein kleines Bisschen davon wäre doch wünschenswert.

Man gewinnt auch den Eindruck, dass sich der Stoff aus dem Biologieunterricht nicht nachhaltig eingeprägt hat. Lediglich 44 Prozent der im Rahmen einer transatlantischen Studie befragten Dänen vermochten die folgende Frage richtig zu beantworten: „Enthalten gewöhnliche Tomaten Gene oder ist das nur bei gentechnisch veränderten Tomaten der Fall?"[5] Die Dänen stehen damit aber nicht alleine. Auch von den Griechen haben nur 20 Prozent in der Schule gut aufgepasst und nur 50 Prozent der Niederländer gaben die richtige Antwort. Das Unwissen, dass jedes Lebewesen aus Genen besteht, mag bei älteren Bürgern noch dadurch entschuldigt werden, dass zu ihrer Schulzeit noch nicht viel von Genen die Rede war. Aber der stete Fluss von Fehlinformationen seitens der Presse hat nicht viel dazu beigetragen, etwas an dieser Situation zu ändern.

Das also ist der Ausgangspunkt. Gene sind offensichtlich kein Thema, bei dem sich die breite Öffentlichkeit auskennt. Wenn der Durchschnittsbürger über die grundlegenden Fakten nicht ausreichend Bescheid weiß, so bietet dies ein hervorragendes Klima für übereilte Schlussfolgerungen. Da dies der Fall ist, stehen die Chancen einer Beeinflussung der öffentlichen Meinung offensichtlich sehr gut. Und leider gibt es nur

---

[5] Per-Pinstrup Andersen, Den globale fødevareforsyning, Präsentation beim Landsplanteavlsmøde in Århus, Dänemark, 19. Januar 2000.

allzu viele echte Horrorgeschichten über ungesunde Produkte und mangelnde Hygiene auf dem europäischen Nahrungsmittelsektor.

Die skeptischen Verbraucher stellen in den meisten Ländern die Mehrheit. 65 Prozent der schwedischen Bevölkerung sind der Ansicht, dass gentechnisch veränderte Nahrungsmittel ernsthafte Risiken für die Gesundheit bergen könnten. In Dänemark sind es 44 Prozent. In den Vereinigten Staaten hingegen glauben lediglich 21 Prozent, dass es dadurch zu Problemen kommen könnte.[6] (Dieser doch beträchtliche Unterschied ist eine Geschichte für sich.) Informierte wissenschaftliche Quellen zu diesem Thema können allerdings nur wenige der Leute anführen, die die Gentechnik verteufeln, denn der Kommentar „weder gesünder noch weniger gesund" ist ein Spiegelbild der in Wissenschaftlerkreisen verbreiteten Einstellung. Und wie wir zuvor gesehen haben, behaupten einige Wissenschaftler, dass die Sicherheitsvorkehrungen bei gentechnisch veränderten Lebensmitteln strenger seien und mit größerer Wahrscheinlichkeit potenzielle Probleme aufzeigen würden, als dies bei konventionellen Nahrungsmitteln der Fall ist.

Aber Produzenten und Supermarktketten wissen, wer immer Recht hat: der Konsument, der den Einkaufswagen vor sich her schiebt. Und sobald erste Anzeichen von Panik den Einzelhandel erfassten, ging man mit aller Entschiedenheit vor. Jeder, angefangen von den Leuten von Nestlé Babynahrung bis hin zu den englischen und europäischen Supermärkten, darunter auch alle dänischen Lebensmittelriesen, warnte vor Nahrungsmitteln, die gentechnisch veränderte Bestandteile enthielten. Verbraucherschutzorganisationen gaben Erklärungen heraus, in denen sie entweder aggressiv davor warnten, derartige Produkte nicht einmal mit der Feuerzange anzurühren, oder eher an die Vernunft appellierten – wie etwa in Dänemark –, dass sich die Verbraucher genau über die Inhaltsstoffe ihrer Lebensmittel informieren sollten, denn es gäbe immer die Möglich-

---

[6] Ebda.

keit, dass Produzenten sie hinters Licht führten.[7] Japanische Brauereien haben zugesichert, dass ihr Bier nicht aus gentechnisch verändertem Getreide gebraut wird. Sie dürften es indes kaum für angebracht gehalten haben, ihre Biertrinker darüber zu informieren, dass der Geschmack des von ihnen so geliebten Getränkes wohl auch in Hinkunft von genetisch veränderter Brauhefe bestimmt wird. Aber was ich nicht weiß, macht mich nicht heiß – vorausgesetzt man trinkt nicht im Übermaß.

Der jüngste Triumph ist die unerwartete Kehrtwende des französischen Hundefuttergiganten Royal Canin[8]. Ende 1999 beschloss das Unternehmen, in seinen drei europäischen Fabriken alle genetisch veränderten Inhaltsstoffe zu verbieten, und in Argentinien, Brasilien und den Vereinigten Staaten läuft bereits ein stufenweiser Rückzug. Unsere vierbeinigen Lieblinge können nun also ruhig schlafen. Das nennt man umfassende Firmenverantwortung!

O ja, die Aktivisten haben ihr Geld für ihr „pr" sicherlich wieder hereinbekommen. Greenpeace hat sich zum Sprecher für die Sache ernannt und spricht davon, dass die „Menschen (der EU) eine strenge Linie gegenüber genetisch veränderten Organismen fordern".[9] Sie haben die Konsumenten nun weitgehend dort, wo sie sie haben wollen.

Und die Politiker springen auf den Zug auf

Das ist vielleicht nicht gerade gewählt ausgedrückt und auf die Gefahr hin, der Verletzung eine Beleidigung hinzuzufügen, sei gesagt, dass dies zum Teil die Schuld der Parlamentarier selbst

---

[7] Niels Nørgaard, Klar besked om gener, Politiken (Dänemark), 9. Januar 2000.
[8] Agrow, 20. September 1999, French Pet Food Co Goes GM (genetically modified)-free, persönliche Mitteilung eines Mitarbeiters, Weltbank.
[9] Greenpeace til Auken: EU må tage gen-skepsis alvorligt, Presseaussendung von Greenpeace Dänemark, 10. Dezember 1999.

ist. Das Erste, was man in der demokratischen Politik von heute lernt, ist, wie die Sitze im Parlament zu zählen sind; dann diese Zahl durch zwei zu dividieren, um die für eine Mehrheit erforderliche Zahl ständig im Hinterkopf zu haben; es folgt die Fähigkeit der Interpretation von Meinungsumfragen, gefolgt von dem Geschick, so darauf zu reagieren, dass man in den besagten Meinungsumfragen besser wegkommt.

Aber das war nicht immer so. In den 1980er-Jahren einigte man sich – zumindest in Dänemark – auf breiter politischer Ebene auf die Verabschiedung von ausgezeichneten, weitsichtigen Gesetzen, um das Land auf den Einzug der Biotechnologie vorzubereiten, die gerade die Labors verließ und im Begriff stand, auf einschneidende Weise in unseren Alltag einzugreifen. Niederschlag fand diese Tatsache vor allem im Hinblick auf die sich abzeichnenden neuen Möglichkeiten in der medizinischen Therapie. Aber der gesunde Menschenverstand überwog und die Situation wurde durch eine vernünftige Gesetzgebung entschärft, die im klaren Bewusstsein der offenkundigen Vorteile verankert war, die der Einsatz dieser modernsten verfügbaren Technologie für die Gesundheit der Bürger bot. Es kam zu einer lebhaften und hitzigen öffentliche Diskussion, wobei auch einige apokalyptische Szenarien auftauchten, eine Hexenjagd wurde jedoch nicht veranstaltet.

Sowohl auf persönlicher als auch auf politischer Ebene wurde ein fruchtbarer und oft mutiger Dialog über die unausweichlichen und sehr emotionalen Argumente zur Definition des Lebens, zur fötalen Diagnostik, zu Organtransplantationen und anderen ähnlich schwierigen Fragen geführt. Die Unvoreingenommenheit und die wissenschaftliche Unterstützung waren der Glaubwürdigkeit der Diskussion überaus zuträglich. Und dies ist nicht hoch genug einzuschätzen.

Dann tauchten genetisch veränderte Nahrungsmittel auf der Bühne auf und die Hölle brach los. Dabei begann alles – um beim dänischen Beispiel zu bleiben – recht ruhig: 1986 wurden in Dänemark entsprechende Gesetze, die laufend im Hinblick auf die gemeinsame EU-Gesetzgebung novelliert wurden, und

Verordnungen für den Umgang mit der neuen Technologie und deren Produkten erlassen. Sicherheitsvorkehrungen und Genehmigungsverfahren wurden erarbeitet und die Einsetzung von Entscheidungsgremien vorbereitet. Im Idealfall sollte die öffentliche Forschung mit den privaten Forschungslabors mehr oder weniger Schritt halten. Daher wurde ein dänisches Komitee ins Leben gerufen, das die zahlreichen diesbezüglich auftauchenden Fragen evaluieren und darüber beraten sollte. Man wollte geordnete Rahmenbedingungen schaffen, in denen man sich von rationalen Argumenten leiten ließ.

Sich für diese spezielle soziale Frage zu interessieren, war jedoch nie mit besonderem politischen Ansehen verbunden; politisch gesehen wurde die Angelegenheit sozusagen im Regen stehen gelassen. Die dänische Industrie und Landwirtschaft rüsteten sich, um die mit dem Durchbruch der neuen Technologie einhergehenden Vorteile zu nützen. Dänemark weist im internationalen Vergleich zwar nicht allzu viele echte Schwergewichte auf, die über das nötige Kapital für umfangreiche Investitionen im Bereich der Pflanzenzucht verfügen, dennoch kam es zu einigen interessanten Allianzen für die Zusammenarbeit in bestimmten Bereichen, wie beispielsweise bei Futterrüben. Bis eine Nutzpflanze so weit entwickelt ist, dass sie tatsächlich auf Versuchsfeldern ausgetestet werden kann, vergeht viel Zeit und so war nicht viel von den Labors und Glashäusern zu hören – und in den Medien gab es nicht die leiseste Reaktion.

Dies währte aber nur so lange, bis bestimmte dänische Umweltorganisationen ihre Antennen ausfuhren, sie auf ihre Niederlassungen im übrigen Europa ausrichteten und erkannten, dass der Widerstand gegen gentechnisch veränderte Pflanzen das nächste hehre Anliegen war, das es aufzugreifen galt. In den Vereinigten Staaten war die Entwicklung schon etwas weiter vorangeschritten und die neuen, ertragreichen Sojasorten standen kurz davor, Kurs auf die europäischen Häfen zu nehmen. Gemäß den in Europa geltenden Vorschriften und Regelungen waren sie dazu auch durchaus berechtigt. 1997 sollte eine

Ladung Tierfutter in einem dänischen Hafen einlaufen. Wie in einigen anderen europäischen Häfen – in Brest, Rotterdam u.a. – fand sich der arme ahnungslose Importeur plötzlich im Mittelpunkt eines gewaltigen Wirbels: Noch bevor er die Fracht an Land bringen konnte, wurden alle Geschütze für eine Medienschlacht aufgefahren: Ketten, Spruchbänder, ein großes Polizeiaufgebot. „Na ja, er muss es ja nicht tun", schien die Logik zu lauten. Aber es ist doch etwas anderes, wenn zur Batterie der Argumente nun auch die Einschüchterung hinzukommt.

Zivilen Ungehorsam würden Befürworter dieses Vorgehen nennen und viele rühmliche Vorläufer zitieren. Natürlich tauchen sie nicht jedes Mal auf, wenn eine Ladung Getreide andockt, und üben zivilen Ungehorsam. Dies war aber doch ein sehr symbolträchtiger Fall und das Gefühl, dass es vielleicht gut war, einmal etwas dagegen zu unternehmen, war weit verbreitet. Im Dezember 1999 folgte dann ein neuerlicher Aufschrei, als Gerüchte kursierten, ein weiteres Schiff mit einer Ladung von genetisch verändertem Futter nehme Kurs auf Dänemark. Diesmal ging es um gentechnisch veränderten Mais, der während des Transports zu keimen begonnen hatte – und wer weiß, wo das noch enden würde! Die Empörung richtete sich gegen die Behörden – man warf ihnen vor, ihre Überwachungspflichten vernachlässigt zu haben –, die aufgefordert wurden, den angeblichen Skandal im Keim zu ersticken. Und die Presse verfolgte jeden Schritt.

Wie sich herausstellte, funktionierte das Kontrollsystem einwandfrei: Alle gesetzlichen Bestimmungen wurden buchstabengetreu befolgt. Aber wenn alles genau so ist, wie es sein soll, löst das nie dieselben Schlagzeilen aus wie ein Skandal. Als sich die Angst einen Monat später als grundlos herausstellte, stieß die entsprechende Ankündigung denn auch kaum auf Interesse in der Presse oder bei den Konsumenten/Wählern. Aber die Presseküche kochte weiter.

Während die Gentechnik Schritt für Schritt auf die dänische Bevölkerung zukam, ging die Entwicklung der Technologie zügig voran. Dies erforderte eine Aktualisierung der europäischen Bestimmungen zur Austestung und Anpflanzung von gentechnisch veränderten Pflanzen. 1999 war das zu einer kniffligen Frage geworden. Die großen Exportländer – allen voran die Vereinigten Staaten –, die über große Mengen an genetisch verändertem Saatgut verfügten, das verkauft werden wollte, drängten auf eine Beschleunigung des Entscheidungsverfahrens, ist die EU doch ein großer Agrarmarkt für die amerikanischen Farmer.

Aber die europäischen Politiker ließen sich nicht drängen, obwohl die Umrisse eines aktualisierten Kompromissdokuments, das an die Stelle der Richtlinie von 1990 treten sollte, allmählich Form anzunehmen begannen. Einige Länder aber bremsten. Und dann, im Sommer 1999, machte das zuvor erwähnte Schmetterlingsexperiment weltweit Schlagzeilen und die europäischen Umweltminister traten prompt den Rückzug an. Jetzt Gesetze zu erlassen, wäre unpopulär gewesen. Die Schmetterlinge wurden zum überraschenden Beweisstück, dass zu wenig über die möglichen Auswirkungen der Gentechnologie bekannt war. Alle 15 EU-Staaten stoppten vorübergehend die Erteilung von Genehmigungen für den Anbau neuer gentechnisch veränderter Nutzpflanzen; die Gespräche über eine neue Richtlinie wurden als nachrangig erachtet. Als die Schmetterlingsversuche im Spätherbst jedoch als fragwürdige Forschung abgetan wurden, ergriff kein einziger europäischer Umweltminister die Gelegenheit, den Ball wieder ins Rollen zu bringen.

Anders ausgedrückt, die Politiker haben sich passiv in ein Eck drängen lassen und jegliche Initiative aus dieser Richtung ist eher unwahrscheinlich. Sie stehen heute genau dort, wo die „pr"-Aktivisten sie haben wollten. Von einem dänischen Politiker kann man heutzutage bestenfalls folgende Aussage zu genetisch veränderten Nutzpflanzen erwarten: „Unter keinen Umständen!"

Siebentes Kapitel

Der Rückzug des Big Business

Als die großen Saatgutproduzenten damit begannen, alle von der Forschung erzielten Fortschritte zu bündeln, um für die Bauern in den Industrieländern genetisch verändertes Saatgut zu erzeugen, schienen sie auf einer Goldmine zu sitzen. Natürlich würden große Kapitalinvestitionen und eine ganze Menge Fachkenntnis erforderlich sein, um Qualitätsprodukte zu erzielen: die Entwicklungsphase war lang, die Technologie teuer und die Genehmigungsverfahren streng. Aber es sah nach einem derart guten Geschäft aus, dass die großen Saatgutproduzenten in den 1980er- und 1990er-Jahren einer nach dem anderen in internationalen Deals aufgekauft wurden. Käufer waren die Chemiegiganten, die darin eine Möglichkeit sahen, in die neue Entwicklung einzusteigen. Durch die genaue Abstimmung ihrer Unkrautvertilgungsmittel auf die Erfordernisse der jeweiligen Samensorten wären sie bei jedem Saatgutkauf automatisch im Geschäft. Ein echter Goldesel, hatten sie wohl angenommen.

Fusionen und Buyouts waren ja damals in jeder Branche an der Tagesordnung. Der Einstieg von Großunternehmen in den Bereich genetisch veränderter Nutzpflanzen war jedoch insofern eine außergewöhnliche Sache, als sich dabei Partner zusammenschlossen, die üblicherweise nichts miteinander zu schaffen hatten. So sah der Aufbau der Geschäftsfelder bei den multinationalen Hauptakteuren typischerweise so aus, dass die Pharmazeutika den Ton angaben, gefolgt von der chemischen Produktpalette und schließlich, als jüngstem Spross, dem Saatgut. Sechs riesige Konzerne – darunter die beiden bekanntesten, Monsanto und Novartis – gingen aus der ersten, bis 1998 anhaltenden Welle von Fusionen hervor. 1999 war im Hinblick auf die Verkaufszahlen ein außerordentlich erfolgreiches Jahr und auch 2000 war beim Verkauf Herbizid-resistenter Sojabohnen ein Anstieg zu verzeichnen, während die Verkäufe von gentechnisch verändertem Saatgut für Mais jedoch etwas zurückgingen. Analysten sagen voraus, dass der weltweite Markt für genetisch verändertes Saatgut in den nächsten zwei bis drei Jahren stagnieren dürfte bzw. es möglicherweise sogar zu einem geringfügigen Rückgang kommen könnte. Die Aktionäre beginnen kalte Füße zu bekommen.

Das Investitionsklima bei genetisch veränderten Lebensmitteln ist alles andere als günstig. Ein im Sommer 1999 von der Deutschen Bank[10] veröffentlichter sachlicher Bericht über den Großkonzern DuPont und das Geschäft mit genetisch veränderten Nahrungsmitteln ganz allgemein rät zur Vorsicht beim Kauf derartiger Aktien. Der Titel des Berichts gibt die übliche Antwort der eigenen Aktienkäufer der Deutschen Bank wieder: „Thanks, but no, thanks." Das für diesen Bericht verantwortliche Forschungsinstitut empfiehlt, Aktien bestimmter Gesellschaften zu verkaufen, andere jedoch zu halten und gibt ganz allgemein den Rat, abzuwarten und den Markt zu beobachten. Begründet kann dies allerdings nicht damit werden, dass es Anzeichen dafür gibt, dass mit den Produkten etwas nicht in Ordnung sei. „Auch wenn wir bereit sind zu glauben, dass gentechnisch veränderte Organismen sicher sind und sich vielleicht vorteilhaft auf die Umwelt auswirken, steht die Industrie jedoch gegenüber der allgemeinen Einstellung auf verlorenem Posten", heißt es.

Die schärfsten Kritiker der multinationalen Konzerne sehen im Kursverfall der Aktien hingegen nur eine gerechte Strafe. Diese würden ihr Geld in Produkte investieren, die für die Verbraucher auf ihren eigenen reichen Märkten keinerlei Bedeutung hätten, jede Diskussion über die Risiken rundweg ablehnen und sich aktiv jeder Aufforderung nach besserer Information widersetzen, die den Verbrauchern bei der Meinungsbildung zu den neuen Produkten behilflich sein könnte. Das überhastete Vorgehen der Unternehmen nach dem Motto „Alles oder Nichts" lässt sie leicht in die Schusslinie der Kritik geraten. Eine konstruktivere Haltung seitens des überheblichen

---

[10] Frank J. Mitsch und Jenifer S. Mitchell, DuPont, Ag Biotech: Thanks, But No, Thanks, Bericht der Deutschen Bank, 12. Juli 1999.

Managements der multinationalen Konzerne ist schon lange überfällig, aber auch jetzt scheinen sie um nichts klüger geworden zu sein. „Niemand will Monsanto helfen", hieß es in einer Schlagzeile. Aber weder der Einzelhandel noch die Umweltorganisationen scheinen zu Gesprächen bereit, die – laut Einladung – hinter geschlossenen Türen stattfinden und vertraulich sein sollen.[11]

1999 wendete sich das Blatt abrupt, als die neuen Produkte so schwer auf dem Weltmarkt unterzubringen waren, dass nicht-genetisch veränderte Nutzpflanzen die bessere Rohstoffinvestition darstellten, da die Bauern damit bessere Preise erzielten. Und Bt-Mais feierte so große Erfolge auf dem amerikanischen Markt, dass sich die Umweltbehörden genötigt sahen zu unterstreichen, wie wichtig es sei, dass die einzelnen Bauern sich beim Anbau an die entsprechenden Richtlinien hielten, um einer allzu raschen Eskalation bei der Schädlingsresistenz vorzubeugen.[12]

In den Vereinigten Staaten wurden geplante Fusionen auf die lange Bank geschoben und es wird nun überlegt, die Industriegiganten wieder in ihre einzelnen Abteilungen zu zerlegen – auch um sicherzustellen, dass die pharmazeutische Industrie durch ihre Verbindung zu den umstrittenen Aktivitäten ihrer Eigentümer auf der Lebensmittelfront nicht in Mitleidenschaft gezogen wird.[13] Wie es in dem DuPont-Bericht richtig heißt, dürfte es länger als erwartet dauern, bis die Konsumenten den Einsatz der Biotechnik in der Landwirtschaft akzeptieren.

Die Situation ist zweifellos paradox. Die amerikanischen Farmer fühlen sich im Stich gelassen, weil sie nicht die erhofften

---

[11] Merete Nielsen, Ingen vil hjælpe Monsanto, Information (Dänemark), 13. Januar 2000.
[12] Rick Weiss, EPA Restricts Gene-Altered Corn in Response to Concerns: Farmers Must Plant Conventional Refuges to Reduce Threat of Ecological Damage, Washington Post, 16. Januar 2000.
[13] Dennis T. Avery, Environmentalists Are Hunting the Biotech Foods Revolution, but Corporate Missteps and Farmers Are Giving Them Plenty of Help, Bridge News Forum, 7. Januar 2000.

Preise erzielen, obwohl die Zeiten für sie leichter geworden sind, weil die neuen Pflanzen höhere Erträge bei geringeren Ausgaben bringen.[14] Und in Brasilien wird ein schwunghafter Handel mit Saatgut von genetisch veränderten Sojabohnen betrieben, das über die argentinische Grenze geschmuggelt wird, wo es vorwiegend gentechnisch veränderte Sorten gibt. Für die Bauern bedeutet es beträchtliche Einsparungen, wenn sie lediglich mit einem Herbizid spritzen müssen.[15]

Diese heikle Situation wird nun auf typisch amerikanische Weise natürlich in einem groß angelegten, langwierigen Prozess ausgeschlachtet, in dem die Farmer von den Saatgutproduzenten Entschädigungen fordern, da sie zum Kauf eines Produktes verführt worden seien, das nun in Misskredit geraten sei. Eine ganze Schar von Rechtsanwälten wurde angeheuert. Offiziell wurde die Klage von Farmern in den Vereinigten Staaten und im Ausland eingebracht, die sich durch die beherrschende Position der großen Unternehmen und die Verträge, die sie abschließen müssen, um an das Saatgut zu kommen, genötigt fühlen. Aber die Initiatoren dieses Prozesses und ihre finanziellen Hintermänner – und wir alle wissen, dass ein Gerichtsverfahren in den USA eine kostspielige Sache ist – sind private Organisationen, die die Gentechnik ablehnen und äußerst versiert darin sind, Geld für eine gerechte Sache nach der anderen zu beschaffen.[16]

Ein entscheidender Beweggrund für die Klage war es, den multinationalen Konzernen und der gewaltigen Konzentration von Kapital, das in genetisch veränderte Organismen investiert wird, Widerstand entgegenzusetzen. Geklagt wurde daher nicht, wie am ehesten zu erwarten gewesen wäre, wegen möglicher Gefahren für die Umwelt. Und niemand, der sich auch nur im Entferntesten mit Gesetzen auskennt, rechnet mit einer

---

[14] USA vil gegrænse brug af génmajs, Information (Dänemark), 17. Januar 2000.
[15] Brazil Farmers Smuggle, Plant GM Soy, AgBiotech Reporter, Oktober 1999.
[16] Seeds of Trouble, Wall Street Journal, 15. September 1999.

Verurteilung zu Schadensersatzleistungen in diesem Prozess. Aber er verursacht dem geklagten Unternehmen große Unannehmlichkeiten und hohe Kosten und bietet den Organisationen gleichzeitig eine geeignete Plattform, ihren Widerstand gegen die multinationalen Konzerne zum Ausdruck zu bringen – ein todsicherer Weg, um Geld für die Sache der Kläger aufzubringen, ganz zu schweigen von der Medienwirksamkeit.

Irgendwie erinnert die ganze Sache aber doch an einen schlechten Scherz, wenn zunächst alles unternommen wird, um die Glaubwürdigkeit der Unternehmen zu untergraben, und ihnen dann, wenn dies weitgehend gelungen ist, mangelnde Vertrauenswürdigkeit vorzuwerfen.

Der ethische Gesichtspunkt

Die Fragen, die im Zusammenhang mit der stufenweisen Einführung gentechnisch veränderter Pflanzen aufgeworfen werden, sollten eigentlich mit weitaus größerer Seriosität behandelt werden, als dies bislang der Fall ist. In Dänemark konnte eine eingehende, gut informierte Diskussion zu diesem Thema erst in Schwung gebracht werden, als einige hervorragende Initiativen im Internet sowie mehrere Artikel in wissenschaftlichen Zeitschriften und der populären Presse gestartet worden waren.

Der Dänische Technologieausschuss veranstaltete im März 1999 sowie im April 2000 zwei Konferenzen auf breiter Ebene, deren wichtigste Ergebnisse in Berichten des Ausschusses vorgestellt wurden. Und im Sommer 1999 veröffentlichte die BioTIK-Gruppe des dänischen Industrie- und Wirtschaftsministeriums unter dem Titel *„De genteknologiske valg"* *(Wahlmöglichkeiten bei der Gentechnik)*[17] einen fundierten, gut recherchierten Beitrag, in dem fast alle wichtigen Fragen zur Biotechnik angesprochen werden. Überzeugend ist dieser Beitrag vor al-

---

[17] Erhvervsministeriets debatoplæg: De genteknologiske valg, Industrieministerium, Kopenhagen 1999.

lem deshalb, weil darin die ethischen Faktoren erörtert werden, die bei der eigenen Standortbestimmung zu diesem Thema zu berücksichtigen sind.

Auch andere, internationale Quellen richten ihr Augenmerk auf die Auswahlkriterien. Was sollen wir wählen? Was sollen wir ablehnen? Welche Folgen wird unsere Entscheidung nach sich ziehen? Und wie sollen wir vorgehen um sicherzustellen, dass wir über die bestmögliche Grundlage für diese Entscheidungsfindung verfügen? Unerlässlich bei all diesen Überlegungen ist, dass wir ernsthaft in die Diskussion einsteigen – eine Voraussetzung für den ethischen Dialog – und dass wir sowohl fachlichen Argumenten als auch persönlichen Meinungen unvoreingenommen Raum geben. Ebenso wichtig ist die Erkenntnis, dass Entscheidungen aktiv getroffen werden müssen – denn auch Passivität ist eine Option; und dass Standpunkte berücksichtigt und Entscheidungen getroffen werden müssen, die vielleicht nicht den Wünschen und Erwartungen aller entsprechen.

Der Prozess der Entscheidungsfindung kann auf verschiedenen Ebenen ablaufen, von der grundsätzlichen Frage – Ist Gentechnik überhaupt zu befürworten? – bis hin zu ganz konkreten Fragen – Sind wir bereit zuzustimmen, dass eine bestimmte Pflanze mit genau spezifizierten Eigenschaften in unserer näheren Umgebung getestet wird?

Auf einer allgemeinen Ebene lautet die zentrale Frage für viele Menschen, ob wir damit nicht zu stark in elementare biologische Prozesse eingreifen – „Spielen wir Gott?", heißt es dann. Die Grenzen zwischen dem, was die Natur vermag, und was durch Eingriffe der Menschen bewirkt wird, scheinen – wie bereits an früherer Stelle in diesem Buch erwähnt – fließender zu sein, als die meisten von uns je gedacht hätten.

Auf den Vorwurf, wir würden „Gott spielen", wird als Gegenargument vorgebracht, dass menschliche Intelligenz und Kreativität, wenn wir diese als gottgegeben annehmen, ebenso wie die Talente in dem Gleichnis Gaben sind, die zum Wohle der Menschheit eingesetzt werden sollten. Wenn die genetische

Veränderung (von Pflanzen, denn darum geht es hier) jedoch nicht als etwas Gutes gesehen wird, sind wir wieder an unserem Ausgangspunkt angelangt.

Interessant im Zusammenhang mit der Diskussion dieser in der Tat grundlegenden Frage, die bei vielen Menschen von ihrer religiösen Überzeugung beeinflusst wird, ist die Tatsache, dass die für ihre sehr konservativen Ratschläge an ihre Schäfchen bekannte katholische Kirche die genetische Veränderung von Pflanzen akzeptiert hat. Im Herbst 1999 verkündete die Päpstliche Akademie für das Leben (mit einem „vorsichtigen Ja") nach einer zwei Jahre währenden Diskussion und eingehenden wissenschaftlichen Untersuchungen, dass der Einsatz der Gentechnik bei Pflanzen und Tieren sich innerhalb der Grenzen akzeptablen menschlichen Handelns bewege, das Klonen von Menschen hingegen nicht befürwortet werden könne.[18]

Schon zuvor hatte die Anglikanische Kirche in ihrer Eigenschaft als eine der wichtigsten protestantischen Kirchen im selben Jahr eine Stellungnahme zu den technischen und theologischen Aspekten der Frage veröffentlicht. Ähnlich wie in der Empfehlung des Vatikan heißt es darin: „Der Weisheit letzter Schluss liegt vermutlich weder in einem uneingeschränkten Einsatz noch in einem gänzlichen Verbot, sondern vielmehr darin, die einzelnen Projekte sorgfältig abzuwägen. In dieser Hinsicht scheint sich die Gentechnik kaum von anderen Formen wissenschaftlichen Fortschritts zu unterscheiden."[19]

Ende 1999 sprach die Arbeitsgruppe für Ethische Investitionen der Anglikanischen Kirche jedoch die Empfehlung aus, die Kirche solle keine Felder ihres in England recht beträchtlichen Grundbesitzes für Zuchtversuche mit genetisch veränderten Pflanzen verpachten. Die Beweggründe dafür waren indes nicht ganz so hehr. Offensichtlich befürchtete man im

---

[18] John Tavis, Vatican Experts OK Plant, Animal Genetic Engineering, St. Louis Review, 22. Oktober 1999.
[19] The Church of England Statement on Genetically Modified Organisms, Anglikanische Kirche, April 1999.

Falle eines Anbaues der neuen Nutzpflanzen auf lange Sicht eine Wertminderung des Bodens, vor allem dann, wenn Vandalen ins Spiel kämen und für negative Propaganda sorgten.[20] In Betracht gezogen wurden auch der Wunsch der Kirche nach gutnachbarlichen Beziehungen und die Sorge, in etwaige Umweltauseinandersetzungen hineingezogen zu werden.

Daraus lässt sich einerseits ableiten, dass der Einzelne bei derartigen Fragen von kirchlicher Seite nicht allzu viele Hilfestellungen – weder pro noch kontra – zu erwarten hat, und andererseits, dass in Theologenkreisen nicht ausdrücklich die Furcht geäußert wurde, sich damit auf göttliches Terrain vorzuwagen. Jedenfalls ist dies kein Thema, bei dem zu erwarten war, dass viele kirchliche Oberhirten eine befürwortende oder ablehnende Meinung äußern würden.

Ein weiterer allgemeiner Aspekt der ethischen Frage fällt unter den Oberbegriff der Unantastbarkeit: Hier geht es um Fragen im Hinblick auf die Heiligkeit des Lebens und die Unantastbarkeit von Natur und Individuum. Dabei kann man aber wohl nicht von absoluten Standpunkten ausgehen, hat doch der Mensch Jahrtausende hindurch die Natur mehr oder weniger gewaltsam für seine eigenen Zwecke verändert und ausgebeutet. In Dänemark etwa hat der Mensch so stark in die Natur eingegriffen, dass wir heute fast nur mehr kultiviertes Land vorfinden und sich die „natürliche Landschaft" im ursprünglichen Sinne des Wortes auf einen äußerst kleinen Anteil beschränkt.

Damit stellt sich einmal mehr die Frage, ob wir uns in diesem bestimmten Bereich nicht zu weit vorwagen. Es ist schwierig, eine einzelne Pflanze als sakrosankt anzusehen – in derselben Weise, wie dies für den einzelnen Menschen gilt –, und die Frage muss daher lauten, ob die Natur insgesamt durch den Einsatz genetisch veränderter Nutzpflanzen Schaden nimmt. Zu bedenken ist dabei allerdings, dass das durch die Gentechnik

---

[20] Jonathan Petre, Church Bans GM Crop Trials on Its Land, Sunday Telegraph, 5. Dezember 1999.

gewonnene genetische Material in erheblichem Ausmaß (wenn auch langsamer und teurer) auch durch eine konventionelle Pflanzenzucht gewonnen werden könnte. Im diesem Lichte scheint es nur vernünftig, die Überlegungen auf jene Beispiele zu beschränken, wo Gene über eindeutige Gattungsgrenzen hinweg übertragen werden – beispielsweise von Fischen auf Pflanzen.

Die Genome der einzelnen Spezies sind einander jedoch sehr ähnlich und die Übergänge zwischen vielen Mikroorganismen fließend. Damit wird die Untergliederung in Gattungen eher zu einer pragmatischen Frage denn zu einer auf wesentlichen Unterschieden beruhenden Einteilung, an der wir nur selten Anstoß nehmen oder einen Konflikt zwischen Technologie und Ethik sehen.

Rein technisch gesehen, mag die Unterscheidung zwischen den Genen der verschiedenen Spezies willkürlich erscheinen. Sie sind weitgehend vollkommen identisch und nur unterschiedlich angeordnet bzw. aktiviert. Auf die Frage „Würden Sie in ein Haus einziehen, bei dessen Errichtung ein Ziegel einer niedergerissenen Schule verwendet wurde?" würden die meisten Leute vermutlich antworten: „Ja, warum nicht?" Auch ein Ziegel einer Kirche würde wohl nur wenige Leute stören. Was aber mit „dem Ziegel von einem Krematorium – oder dem Klubhaus einer Rockerbande?" – man kann förmlich spüren, wie das Unbehagen steigt.

Und die Forscher wissen nur allzu gut, dass auf die Frage nach etwaigen Problemen bei der Übertragung von Genen einer Hahnenfußpflanze auf eine Rübe dieselbe Antwort zu erwarten ist: Alles ganz harmlos. Aber was passiert bei dem Gen, das von einer Katze oder aus dem menschlichen Gehirn stammt? Es mag sich dabei durchaus um „dieselbe Art von Ziegelstein" handeln, es müssen jedoch zumindest innere Vorbehalte überwunden werden. Eine faszinierende Vorstellung aus dem Bereich der jüngsten Gentechnik-Forschung ist die Theorie, dass jeder höhere Organismus das gesamte Spektrum an Genen aufweist, die für alle denkbaren Eigenschaften verantwortlich zeichnen, wobei jedoch einige dieser Gene bloß „still gelegt" sind.[21] Das Gen einer Katze – oder Gene einer anderen gut kartierten Spezies – kann in der Laborphase zur Bestimmung einer erfolgreichen Kombination bestimmter Eigenschaften identifiziert werden. Danach geht es darum, ein entsprechendes Gen in der Rübe zu finden und zu aktivieren – das Problem auf diese Weise zu lösen, wird viele Menschen ansprechen, weil dadurch die Überschreitung der Gattungsgrenzen umgangen wird.

Am häufigsten jedoch werden Bedenken auf dem Gebiet der Utilitarismusethik geäußert. Hier lautete die Frage: „Ist es für irgendetwas oder irgendjemanden von Nutzen?" Im Falle der Befangenheit oder Unsicherheit gegenüber diesen neuen technischen Möglichkeiten, würde das Fehlen jeglicher Nützlichkeit den Ausschlag für ein „Nein" geben. Die Utilitarismusethik funktioniert jedoch in beide Richtungen: Wenn der Einsatz der neuen Technologie nennenswerte Vorteile für die Menschheit bringt, dann gilt es, die Angelegenheit eingehend zu diskutieren und einige Bedenken eventuell zu zerstreuen.

Worum es uns hier geht, ist aufzuzeigen, dass wir aus der Sicht der Utilitarismusethik keine andere Wahl haben, als die Gentechnik in der Landwirtschaft einzusetzen, um die globale Entwicklung zu fördern und die Armut zu eliminieren. Ebenso klar ist, dass andere Aspekte des Ethikbegriffs verlangen, dass wir bei jeder zu treffenden Entscheidung stets abwägen, was akzeptabel ist und was jenseits der Grenzen dessen liegt, das wir – als Gesellschaft – befürworten können. Und im Grunde ist dies nichts absolut Neues. Mit ein bisschen Glück werden wir eine unvoreingenommene Diskussion führen können, ohne dass schon von Vornherein Einspruch gegen die Debatte oder die dabei getroffenen Entscheidungen erhoben wird. Auf diese Weise kann der Dialog Einfluss auf die einzuschlagenden Richtung nehmen.

---

[21] When Did Rice Become Corn?, International Herald Tribune, 3. März 2000.

Siebentes Kapitel

Das Eigentum an der neuen Technologie

Die Schwierigkeiten, sich selbst ein Urteil über den Einsatz der Gentechnik bei Pflanzen zu bilden, liegen unter anderem darin, dass eine im Grunde positive Einstellung gegenüber „vernünftigen" Produkten auf schwerwiegende praktische Probleme stoßen kann, weil die Technologie und die Produkte üblicherweise durch verschiedene Schutzmaßnahmen, in erster Linie Patente, geschützt werden. So kann man sich nicht einfach hinstellen und Nutzpflanzen entwickeln, die für bestimmte Böden oder Gebiete ideal erscheinen. Wollen Forscher und Züchter auf bereits erzielten Erkenntnissen aufbauen, so müssen sie vielmehr mit größeren Problemen und beträchtlichen Ausgaben rechen.

„Eigentum" kann bedeuten, dass die neuen Entwicklungen nicht von jedermann einfach benützt werden können oder dass der Zugang erst nach Zahlung einer gepfefferten Lizenzgebühr gewährt wird. Wenn sich der Schutz nur auf ein einzelnes, fertiges Produkt – beispielsweise eine gegen das Unkrautvertilgungsmittel eines Unternehmens resistente Maissorte – erstreckte, wäre dies ja noch einfach. Aber die Patentgesetze ermöglichen einem Unternehmen beides, das Eigentum an der Eigenschaft der Resistenz – an dem Gen oder den Genen, sobald ihre Funktion einmal dokumentiert ist – und, was eine noch größere Einschränkung bedeutet, das Eigentum an den Methoden, die eingesetzt wurden, um diese Eigenschaft zu identifizieren und die Übertragung auf die gentechnisch veränderte Pflanze vorzubereiten und durchzuführen.

Es waren offenkundig die privaten Unternehmen, die es für notwendig erachteten, ihre Erfindungen zu schützen. Verständlicherweise wollen sie die von ihnen getätigten großen Investitionen in die langwierige und kostspielige Entwicklungsarbeit an den neuen Pflanzen wieder hereinbringen, indem sie diese zumindest eine Zeit lang mit einem Monopol belegen. Der Schlüssel zum Zugang zu den meisten Technologien und Produkten liegt im privaten Sektor, der seine Forschungstätigkeit in die 1970er- und 1980-Jahren, als sich zum ersten Mal die großen Gewinnchancen abzeichneten, auf den frei verfügbaren Erkenntnissen der öffentlichen Forschung aufbaute. In der Folge steckten diese Unternehmen Unsummen von Kapital in ihre Entwicklungsprogramme, mit dem ausdrücklichen Ziel vor Augen, ihre Entdeckungen patentieren zu lassen. Durch die vielen Firmenbuyouts und Fusionen kann ein einziges Unternehmen eine Reihe von Technologien kontrollieren, die in dem jeweiligen Konzern entwickelt wurden, aber alle müssen voneinander geschützte Techniken kaufen oder tauschen.

Die aus öffentlichen Geldern finanzierte Forschung reagierte darauf in dreifacher Hinsicht: Erstens dürfen Forschungsergebnisse veröffentlicht werden, sobald sie bekannt sind, wodurch sie für jeden frei verfügbar sind. Veröffentlichte Ergebnisse können nicht mehr geschützt werden, da sie durch eben diese Veröffentlichung bei etwaigen Anmeldungen auf Eigentum nicht mehr für neu erachtet werden. Zweitens können die öffentlichen Forschungseinrichtungen für ihre Entdeckungen ebenfalls Patente anmelden, womit das jeweilige Institut etwas im „Tausch" anzubieten hat, und die Rechte auf die Verwendung der Entdeckung können entweder gegen eine Lizenzgebühr oder kostenlos vergeben werden. Drittens können Wissenschaftler in gemeinsame Projekte mit privaten Unternehmen einsteigen, wobei genau festgelegt wird, wer welche Erkenntnisse nützen darf und – ganz wichtig für die Entwicklungsländer – wo die Produkte und Technologien von der öffentlichen Forschung kostenlos verwendet werden dürfen.

Die Wissenschaftler und Pflanzenzüchter sehen sich damit in der ungewöhnlichen Situation, sich nicht auf die Arbeiten ihrer Vorgänger stützen zu können – oder bestenfalls nur gegen eine Gebühr. Bis 1970 war es unüblich, Patente auf lebende Organismen oder Teile derselben zu vergeben, heute jedoch gibt es Tausende solcher Patente, vorwiegend in den Vereinigten Staaten. Trotz weitgehender Ähnlichkeit der Patentgesetze dies- und jenseits des Atlantiks, hinkt Europa dabei etwas nach.

Man kann diese Patentrechte nicht einfach ignorieren und nach Belieben weiterarbeiten. In der Welt von heute gibt es enge Verflechtungen durch internationale Vereinbarungen, durch die das Eigentum an Erfindungen und Handelsmarken, das künstlerische Urheberrecht usw. geregelt wird, und jede Verletzung eines solchen Rechtes wird mit internationalen Sanktionen geahndet. In der Praxis sieht die Handhabung in den einzelnen Ländern sehr unterschiedlich aus, denken wir nur an die in großem Stil erfolgende Markenpiraterie in der Bekleidungsindustrie in manchen asiatischen Ländern. Bei Pflanzen hingegen wurden bereits eine Reihe erfolgreicher Prozesse angestrengt und mit dem steigenden Einfluss der Welthandelsorganisation (WTO) kann man sich diesem Schutzsystem kaum mehr entziehen.

Es gibt jedoch ein, gar nicht mehr so neues, international anerkanntes Regelwerk zum Schutz von Pflanzensorten (PVP – Plant Variety Protection), das den Schutz der in langwierigen konventionellen Versuchsreihen von privaten Züchtern entwickelten neuen Pflanzensorten regelt. Dieser Schutz erstreckt sich allerdings nur auf die Vermarktung, wobei anderen Samenproduzenten der Anbau einer bestimmten Sorte zur Samengewinnung für kommerzielle Zwecke verboten wird. Wissenschaftler und Züchter hingegen können das neue Pflanzenmaterial weiterentwickeln und – die Genehmigung der Behörden vorausgesetzt – die Rechte für die verbesserte Sorte erwerben. Da ist aber auch noch ein weiteres, ganz wichtiges Detail: Bauern muss der traditionelle Schutz weiterhin gewährt werden, einen Teil der Ernte als Saatgut für das nächste Jahr aufheben zu dürfen.

Heftig umstritten in der internationalen Diskussion ist die Frage, wieviel durch Patente abgedeckt werden kann. Patentrechte werden üblicherweise für 20 Jahre gewährt. Im Falle von umfangreichen Patenten auf einen Großteil des Genpools einer Pflanze oder auf eine komplexe Technologie kann dies zu ernsthaften Engpässen führen, wenn ein Unternehmen keinerlei Bereitschaft zeigt, die Technologie entweder zu tauschen oder Lizenzen dafür zu vergeben. Heute geht der Trend eher in Richtung der Gewährung nicht zu umfassender Patentrechte und bei einigen Gerichtsverfahren in Amerika ist es tatsächlich gelungen, das Spektrum einzuschränken.[22]

Die Situation bleibt jedoch schwierig und so ist es kein Wunder, dass die öffentliche Forschung, vor allem in den Entwicklungsländern, trotz vorhandener Fachkenntnis nur schwer mithalten kann. Selbst wenn die nötigen Gelder aufgebracht werden können, wird der Start eines Forschungsprojektes bisweilen zu einem wahren gesetzlichen Spießrutenlauf, da die Verträge meist einzelne Gene und zahlreiche unterschiedliche Teile einer Technologie umfassen, sodass die Freigabe seitens mehrerer Patentrechtsinhaber erforderlich ist. Dabei ist es vielleicht sogar von Vorteil, dass sich die Zahl der Vertragspartner durch die Firmenbuyouts verringert hat.

Immer wieder ist nun zu beobachten, dass private Unternehmen ihre Rechte kostenlos an Forscher in der Dritten Welt abtreten. Gelegentlich hört man auch von multinationalen Konzernen, die Ausbildungsstipendien gewähren, oder von reichen Labors, die ihre Forschungsergebnisse ärmeren Kollegen zur Verfügung stellen. Im Allgemeinen ist der Zugang zu den Erkenntnissen anderer Leute aber auch weiterhin nur jenen möglich, die über das nötige Kleingeld verfügen oder etwas im Tausch anzubieten haben.

Will man auf die Investitionen privater Unternehmen nicht verzichten, bedarf es eines gewissen Eigentumsschutzes – darüber sind sich alle einig. Die Frage ist lediglich, ob tatsächlich ein so umfassender Schutz erforderlich ist, wie ihn Patente bieten, oder ob nicht weniger weit reichende Vereinbarungen ausreichen würden. Die Privatunternehmen sind nicht unbedingt scharf darauf, von der Praxis der Patente abzugehen. Ein allzu hartnäckiges Festhalten an exklusiven Rechten und eine nur zögerliche Lizenzvergabe können jedoch zur Verletzung des Kartellrechts eines Landes führen und die Behörden ver-

---

[22] Genetically Modified Crops: The Ethical and Social Issues, Nuffield Council on Bioethics, Nuffield Foundation, London 1999.

anlassen, die Erteilung von Lizenzen durch eine gerichtliche Verfügung zu erzwingen. Einer derartig starrköpfigen Haltung bei Patenten müssen gewisse Grenzen gesetzt werden.

Wenn so manche Organisation, die üblicherweise gegen jeglichen Einsatz von Gentechnik in der Landwirtschaft in den Entwicklungsländern auftritt, den großen Unternehmen Vorhaltungen wegen des Erwerbs von Patenten macht, so liegt darin ein gewisser Widerspruch. Man sollte doch meinen, dass die bloße Existenz von Patenten und der nachdrückliche Wunsch, aus dem investierten Kapital Gewinn zu schlagen, eine ausreichende Garantie dafür bieten würden, dass die modernen Entwicklungen nur verzögert und in eingeschränktem Maße Einzug in die Landwirtschaft der Entwicklungsländern halten.

Und dazu wird es auch kommen, wenn wir nicht eine internationale Agenda formulieren, die den Weg ebnet und Änderungen durchsetzt. Im Rahmen einer derartigen Agenda wäre es für Privatunternehmen ethisch nicht mehr vertretbar, den Anspruch zu erheben, dass neue Entdeckungen auch auf jenen Märkten, die über keinerlei Kaufkraft verfügen, Profit abwerfen müssen, obwohl diese Entwicklungen auf Erkenntnissen beruhen, die auf öffentlich geförderter Forschung sowie auf den von Generationen von Bauern durchgeführten Zuchtversuchen aufbauen.

Achtes Kapitel

Blick nach vorn – Vorsicht ist geboten

Die Zeit, als man noch uneingeschränkt von einer Technik begeistert sein konnte, wie die Erfinder des Telefons, der elektrischen Glühbirne oder der Polioimpfung, ist schon Jahrzehnte vorüber. Die Furcht vor der Technik war jedoch immer da, sie lauerte im Schatten der Erfindungen, wie auch der berühmte französische Wissenschaftler Louis Pasteur erfahren musste. Sein Verfahren zur Abtötung schädlicher Mikroorganismen in der Nahrung ohne Schädigung der Produkte selbst wurde als Teufelswerkszeug bezeichnet und löste eine lebhafte öffentliche Diskussion aus,[1] bis es schließlich als das erkannt wurde, was es wirklich war – ein echter wissenschaftlicher Fortschritt.

Jeder noch so begeisterte Biotechniker erinnert uns heute oft daran, dass die Gentechnik, wie andere Hilfsmittel auch, einfühlsam oder unverantwortlich eingesetzt werden kann. Häufig wird ein Vergleich mit der uralten Entdeckung des Feuers angestellt.[2] Da kommt die Erinnerung an das Thema jenes Schulaufsatzes hoch, das einmal, vor vielen Jahren, die ganzen Osterferien überschattet hat: „Feuer – Freund oder Feind?"

Die meisten dieser unglücklichen Aufsatzschreiber sehen vermutlich die Gefahren des Feuers, können sich jedoch ein Leben ohne Feuer kaum vorstellen. Natürlich wird ein derartiger

---

[1] Morton Satin, Food Irradiation: A Guidebook, 2. Aufl., Technomic Publishing, Lancaster, Pennsylvania, 1996.
[2] Michael Palmgren, königlich dänische Veterinär- und Landwirtschaftsuniversität, Vortrag zur Agenda 2000, Allerslev, Dänemark, 17. Februar 2000.

Aufsatz Warnungen enthalten, vor Kindern, die mit Streichhölzern im Heu spielen, oder brennenden Kerzen am Weihnachtsbaum im Wohnzimmer. Dennoch werden die meisten Verfasser eines derartigen Aufsatzes höchstwahrscheinlich zu demselben Schluss kommen: „Bei vorsichtigem Umgang kann das Feuer jedoch ..."

Und genau so sehen wir auch das Potenzial der Gentechnik als Hilfe für die Bauern in der Dritten Welt. Im Gegensatz zum Feuer ist der Erwartungskatalog, was in diesem Fall unter „vorsichtigem Umgang" zu verstehen ist, etwas komplexer. Er kann in allgemeine Anforderungen an die Technologie und deren Anwendungen und in spezifische Anforderungen aufgesplittet werden, die ganz auf den Einsatz der Gentechnik unter Dritte-Welt-Bedingungen abgestimmt sind. An dieser Stelle sollen sowohl die speziellen Überlegungen in Bezug auf die Entwicklungsländer als auch die allgemeinen Bedingungen zur Sprache kommen.

Freie und informierte Entscheidung

Von dem Augenblick an, da die ersten gentechnisch veränderten Nutzpflanzen auf den Markt kamen, sah es so aus, als wäre der Kampf um eine Sonderbehandlung dieser Produkte schon verloren. Die meisten Firmen ignorierten jegliche Forderung nach einer besonderen Kennzeichnung von Produkten mit gentechnisch veränderten Inhaltsstoffen. Die amerikanischen Behörden sahen lediglich dann einen Kennzeichnungsbedarf, wenn die neuen Produkte Substanzen oder Eigenschaften enthielten, die man normalerweise in diesem Produkt nicht erwarten würde – beispielsweise ein Erdnussgen in einer Sojabohne, das bei manchen Verbrauchern eine allergische Reaktion hervorrufen könnte. Die ablehnende Haltung der Produzenten könnte darauf zurückgeführt werden, dass es in ihren Augen einen Widerspruch darstellte, Waren als Sonderfall zu behandeln, die – laut Aussagen der US Gesundheitsbehörde (Food and Drug Administration) – „substantiell identisch" mit schon bekannten Produkten sind, wie Mais in Cornflakes oder Soja in diversen Brotsorten.

Dieses Argument ließ natürlich Tür und Tor für die folgende Replik offen: „Wenn es mit diesen Waren kein Problem gibt, dann spricht ja nichts gegen eine Kennzeichnung." Dies klingt ganz nach dem klassischen Gegensatz zwischen Befürwortern von Offenheit und jenen von Vertraulichkeit in Politik und Verwaltung. Solange eine angemessen große Mehrheit keinerlei Einwände gegen diese Waren hat, kann man durchaus vertreten, dass es keinen Kennzeichnungsbedarf gibt.

Diese ablehnende Haltung der Erzeuger wurde nicht so sehr durch Zweifel an der Gültigkeit ihrer eigenen Argumente ausgelöst als vielmehr durch eine Reihe konkreter praktischer Schwierigkeiten. Für Bauern bleibt schließlich Mais immer Mais und Sojabohnen immer Sojabohnen, insbesondere wenn sich die Sorten nicht sichtbar voneinander unterscheiden. Daher war es in den ersten Jahren durchaus üblich, genveränderte Nutzpflanzen mit konventionellen Sorten in einem großen Durcheinander zu vermischen. Man hätte also die gesamte Mischung als gentechnisch verändert kennzeichnen oder die Sorten voneinander trennen müssen. Während man den einzelnen Bauern durchaus zutrauen könnte, die Sorten zu separieren, müssten die Mühlen und weiterverarbeitenden Betriebe größte Sorgfalt walten lassen, die unterschiedlichen Sorten in der ganzen Produktionskette voneinander getrennt zu behandeln.

Dies wäre sicherlich mühsam, aber durchaus machbar. Um diese Forderung abzuwehren betonten die US-Hersteller jedoch die Schwierigkeiten und den Preisanstieg, der an die Verbraucher weitergegeben werden müsste. In Europa hingegen, wo die Kennzeichnung der wenigen am Markt befindlichen Produkte zwingend vorgeschrieben war, erwies sich die Trennung der verschiedenen Sorten als praktikabel. Bei der Tagung zur Biodiversitätskonvention in Montreal im Januar 2000 (einem Folgetreffen des Erdgipfels von Rio de Janeiro von 1992) wurde die Kennzeichnung von Exportnutzpflanzen als universelle

Bedingung anerkannt. Die Länder wollen einfach wissen, ob die Nutzpflanzen gentechnisch verändert wurden.

Ziel ist es nun, eine Übereinkunft über die annehmbare Höchstmenge von gentechnisch verändertem Saatgut pro Ladung zu erzielen, durch die die Reinheit der Nutzpflanzen nicht beeinträchtigt wird. Aller Wahrscheinlichkeit nach wird sich diese bei 1–2 Prozent gentechnisch verändertem Saatgut pro Ladung bewegen, angesichts der Tatsache, dass es Schwierigkeiten geben kann, Silos und Frachtbehälter von einer Ernte bis zur nächsten oder von einem Transport bis zum folgenden so vollkommen zu reinigen, dass kein einziges Samenkorn übrig bleibt.

In den Vereinigten Staaten nahm die Kennzeichnungsfrage eine neue Dimension an, als die Exporteure nach Produkten verlangten, die garantiert frei von gentechnisch veränderten Komponenten waren. Daraufhin sanken die Preise von Gen-Mais und -Soja leicht; obwohl diese für die Bauern kostengünstiger waren, fiel der Gewinn für sie bei nicht gentechnisch veränderten Sorten in einer Reihe von Fällen höher aus. Mit Blick auf den Export verlangten die Farmer daher nun selbst eine Kennzeichnung. Mit anderen Worten, heute erwarten offensichtlich viele Länder, dass Produkte mit gentechnisch verändertem Inhalt als solche gekennzeichnet werden, damit der Verbraucher selbst entscheiden kann, ob er diese kaufen will oder nicht.

Dies ist die eine Seite der Kennzeichnungsfrage. Die andere hat mit dem Informationsbedürfnis zu tun, ob im Laufe des Herstellungsprozesses Gentechnik zum Einsatz kam, unabhängig davon, ob Spuren von gentechnisch veränderten Inhaltsstoffen noch nachweisbar sind. Manche Leute haben das Bedürfnis nach einer derartigen Kennzeichnung der Waren. Hierbei verhält es sich ähnlich wie bei der Unterscheidung von Eiern aus Legebatterien oder aus Bodenhaltung. Für manche Konsumenten beeinflusst die detaillierte Information über die Produktion der Eier – deren Herkunft – ihre Kaufentscheidung, auch wenn es keinerlei Beweis für einen Unterschied im Nährwert oder den gesundheitsförderlichen Qualitäten der beiden Eiarten gibt.

Eindeutig geklärt ist, wer bei diesen beiden Arten der Verbraucherinformation welche Verantwortung trägt. Die Staat muss die Risiken abschätzen und die Verantwortung für die Kennzeichnung dort tragen, wo Inhaltsstoffe für die Gesundheit einiger Verbraucher schädlich sein könnten. Kennzeichnungen über Einzelheiten des Produktionsprozesses obliegen jedoch dem Produzenten. Der Staat muss sicherstellen, dass die Kennzeichnung gegebenen Standards entspricht und geeignete Informationen enthält, um jede Form der Fehldeutung oder Verwirrung auszuschließen, wie dies bei der Einführung der verschiedenen Kennzeichnungsarten für umweltfreundliche Waren der Fall gewesen war (die so genannten Öko-Siegel).

Im Fall gentechnisch veränderter Nahrungsmittel scheint es auch durchaus wahrscheinlich, dass am Markt verschiedenste Produkte – wo nötig – gekennzeichnet werden müssen, ergänzt durch freiwillige Verbraucherinformation der Hersteller, für die manche Käuferschichten durchaus bereit sein werden, einen etwas höheren Preis zu zahlen.

Politische Bestrebungen in Richtung einer umfassenden Information über gentechnisch veränderte Nahrungsmittel würden die Vermeidung der Kennzeichnung von Käse, Bier, Backwaren und anderen Gütern erschweren, wo Genmodifikation in einer Phase des Herstellungsprozesses beteiligt war. Aber gerade die Frage, was eine umfassende Kennzeichnung ausmacht, wirft ein Schlaglicht auf die Schwierigkeit, wie die „Norm" definiert wird. Befürworter einer umfassenden Kennzeichnung sind der Meinung, dass eine derartige Kennzeichnung auch auf jene Nutztiere angewandt werden sollte, die mit Mischfutter aufgezogen wurden, das u. U. ein gewisses Quantum an genveränderten Nutzpflanzen enthielt, auch wenn der gesamte Inhalt im Verdauungsprozess aufgespalten wurde. Und dies würde, nach Auffassung der Bauernschaft, alle großen Haustiere in der entwickelten Welt betreffen, die Öko-Viehzucht ausgenommen.

Eine umfassende Kennzeichnung würde zu höheren Preisen für Nahrungsmittel führen, die möglicherweise Genmodifikation enthalten oder während des Herstellungsprozesses mit gentechnischen Veränderungen in Berührung gekommen sind. Man könnte die Ansicht vertreten, es sei vernünftiger, die Kosten für die Kennzeichnung an jene Verbraucher weiterzugeben, die eine Absicherung verlangen, dass ihre Nahrung nichts enthält, was genetisch modifiziert wurde, wie dies schon bei Öko-Produkten der Fall ist. Die Kennzeichnungspflicht würde auf diese Weise auf eine andere Herstellergruppe übergehen, nämlich die nicht-ökologischen Produzenten, die garantieren können, dass ihre Produkte keine genveränderten Nutzpflanzen oder Inhaltsstoffe enthalten und dass im Herstellungsprozess keinerlei Gentechnologien verwendet wurden. Im Endeffekt könnte es wirklich so kompliziert werden, wie dies jetzt klingt.

Kurzfristig könnte vereinbart werden, dass die Siegel folgende Garantie abgeben: „Genveränderung war oder war nicht bis zu einem gewissen Punkt an der Herstellung dieses Produkts beteiligt." Die Behörden werden jedoch ernsthaft prüfen müssen, ob eine der beiden Alternativen ein gangbarer Weg ist und ob es wirklich am vernünftigsten ist, jene Nahrungsmittel zu kennzeichnen, die die Ausnahme bilden – auf welchen Typus das auch immer in den nächsten 5 bis 10 Jahren zutreffen wird.

Die Kennzeichnung verlangt mehr als nur ein Siegel

Aus Effizienzgründen sollte ein Kennzeichnungssystem auf genügend Information basieren, damit die Verbraucher eine Wahl treffen können, die ihren Werten und Wünschen entspricht. Heutzutage ist es durchaus sinnvoll, Tabakerzeugnisse mit Gesundheitswarnungen der Regierung zu versehen, weil die Konsumenten so gut informiert sind, dass sie – im Allgemeinen – wissen, wofür sie sich entscheiden oder was sie nicht kaufen wollen.

Man kann kaum behaupten, dass die Dinge beim Öko-Siegel für Bio-Produkte ebenso eindeutig liegen. Es herrscht der Grundtenor vor, dass die Öko-Produktion umweltfreundlich ist und zur Erhaltung einiger natürlicher Ressourcen beiträgt. Die meisten Menschen nehmen wahrscheinlich aber auch an, dass Nahrungsmittel mit einem Öko-Siegel für ihre Gesundheit zuträglicher sind als Produkte aus nicht-ökologischem Anbau. Hierbei handelt es sich indes um eine Behauptung, die äußerst umstritten ist, und zur Zeit wird untersucht, ob es dafür überhaupt eine solide Grundlage gibt. Es gibt also keinerlei Garantie, dass das Öko-Siegel auch wirklich verspricht, was sich der Verbraucher vorstellt.

Bei gentechnisch veränderten Nahrungsmitteln haben die Verbraucher nicht annähernd ausreichendes Wissen, um die tatsächlichen Aussagen eines Siegels zu entschlüsseln. Jedes Kennzeichnungssystem muss daher mit weitaus mehr Information unterstützt werden, als im Augenblick angeboten wird. Verbraucherschutzverbände tun, was sie können, im Allgemeinen sprechen ihre Informationen die breite Öffentlichkeit jedoch nur dann an, wenn sie sich gemeinsam mit Umweltorganisationen zu aktuellen, medienwirksamen Fällen äußern. Diese Wortmeldungen heben den allgemeinen Wissensstand zumeist nicht, konzentrieren sie sich doch vorwiegend auf Zurückweisungen, Ablehnungen und Warnungen.

In einem aufgeklärten Klima machen Siegel aber durchaus Sinn, wenn davon auch keine wirklich dramatischen Veränderungen im Verbraucherverhalten erwartet werden dürfen. Es versteht sich von selbst, dass Standards und Beschreibungen zwangsläufig ein Spiegelbild der Gesellschaft sind, in der die Produkte verwendet werden. Demzufolge können unsere gegenwärtigen, für Westeuropa und Nordamerika geltenden Erwartungen an Siegel nicht von vornherein auf die gleiche Produktsorte in einem Entwicklungsland übertragen werden, wo die Qualitätsstandards vielleicht eher dem entsprechen, was in Westeuropa vor fünfzig Jahren akzeptabel war.

Dies soll nicht heißen, dass minderwertige Produkte einfach in Entwicklungsländer abgeschoben werden können. Dennoch ist es erwiesen, dass die Toleranzschwelle des Menschen sehr stark von seinem Einkommensniveau abhängt. Einkaufstüten im Supermarkt eines wohlhabenden städtischen Vororts sind nicht mit den gleichen Waren gefüllt wie jene in einem ärmeren Innenstadtbezirk. So wird die Wahl der Produkte und deren Qualitätsgrad sehr stark davon abhängen, ob ein Haushalt 5 oder 30 Prozent seines Einkommens für Nahrung ausgibt. In Entwicklungsländern werden oft 80 Prozent des Familieneinkommens für Nahrungsmittel ausgegeben.

Das Recht, Nein zu sagen

Die von der Montreal-Konvention im Januar 2000 verabschiedete Resolution befasste sich mit Kennzeichnung und Wahlmöglichkeit in einem noch radikaleren Kontext. Sie war der provisorische Abschluss eines langwierigen, harten Kampfes über das Ausmaß, in dem Freihandelsbestimmungen oder politische Entscheidungen im globalen Kontext die Oberherrschaft haben sollten. Die großen Getreide produzierenden Länder im Westen, insbesondere Argentinien, Kanada und die Vereinigten Staaten, konnten nicht einsehen, warum Regierungsbehörden das Recht auf eingehende Information über den Inhalt einer Ladung von Importgetreide haben sollten, die zu einer Annahmeverweigerung von genverändertem Saatgut führen könnte. Sie argumentierten, dass durch die Welthandelsorganisation (WTO) bereits Freihandelsprinzipien aufgestellt worden seien. Da es keinen sichtbaren Unterschied zwischen modern und konventionell gezüchteten Nutzpflanzen gebe, sei eine Ablehnung schlicht als technische Handelsschranke anzusehen und als solche nach dem WTO-Abkommen unzulässig.

Darüber sollte eine erbitterte Auseinandersetzung geführt werden. Am Ende stand eine Hand voll der wichtigsten Getreide exportierenden Länder, die so genannte Miami-Gruppe, die eine Kennzeichnungspflicht ablehnte, gegen die Mehrzahl der übrigen Welt, einschließlich einer Koalition so unwahrscheinlicher Partner wie die EU, Japan und eine Reihe Dritte-Welt-Länder. Entschieden wurde, dass jedes Land das Recht habe, gentechnisch veränderte Nutzpflanzen zu verweigern, wenn es nicht sicher ist, dass genügend über die Folgen ihres Imports bekannt ist.

Eine derartige Unsicherheit könnte sich auf Gesundheitsrisiken oder – wie am häufigsten von Entwicklungsländern geäußert – auf schädliche Auswirkungen auf die Umwelt beziehen. Wenn auch das importierte gentechnisch veränderte Getreide fast zur Gänze als Nahrungsmittel verbraucht würde, bestand dennoch die Sorge, dass ein Teil davon in der Natur verloren gehen oder als Saatgut auf Bauernhöfen eingesetzt werden und somit die Gefahr ungeplanter Kreuzungen mit lokalen Nutzpflanzen oder der natürlichen Flora entstehen könnte.

Dieser gesamte Problemkomplex steht in engem Zusammenhang mit dem auf internationaler Ebene behandelten Thema der biologischen Sicherheit, wo es um den verantwortungsvollen Umgang mit lebenden Organismen zur Vermeidung eines Gefährdungsrisikos geht. Die Biosicherheit wurde mit Nachdruck auf die Agenda nach der Rio-Konferenz 1992 gesetzt. Obwohl die von der Konferenz verabschiedeten Resolutionen nicht von jedem Land ratifiziert wurden, bilden diese nun die nationalen und internationalen Bestimmungen zur Regelung der natürlichen Ressourcen, der Land- und Forstwirtschaft sowie des Fischereiwesens.

Inwieweit diese guten Absichten auch verwirklicht werden, hängt sehr stark vom politischen Willen innerhalb der einzelnen Länder wie auch auf internationaler Ebene ab. Langsam, aber stetig werden die Vereinbarungen in einer ganzen Reihe von Ländern umgesetzt. Viele Länder stehen jedoch vor dem rein praktischen Problem, nicht genügend Fachkräfte zur Überwachung der Situation und der Einhaltung der Bestimmungen zur Verfügung zu haben.

Diesbezüglich sind viele kleinere Entwicklungsländer benachteiligt – für diese ist es daher enorm wichtig, einen Import ablehnen zu können, ohne gleich umfassende wissenschaftliche Argumente vorlegen zu müssen. Wenn sie nicht ermessen können, ob von einer bestimmten Nutzpflanze eine spezifische Gefährdung für ihr Land mit seiner natürlichen Umwelt und einer bestimmten Form der Landwirtschaft ausgeht, dann sollten sie in der Lage sein, Nein zu sagen. Gerade diese Ländergruppe brauchte daher die Bestimmung der Biodiversitätskonvention.

Kein Land beginnt bei der Biotechnologie am Nullpunkt. Viele ärmere Länder sind jedoch beim wissenschaftlichen Fachwissen nur schwach ausgerüstet, weil viel zu wenig diesbezüglich investiert wird – im Vergleich zu den Summen, die die reichen Länder für wissenschaftliche und technische Forschung und Entwicklung ausgeben. Einzelne Inseln hervorragender Spezialforschung finden sich wohl in einer ganzen Reihe von Entwicklungsländern, auch im südlichen Afrika, im Wesentlichen wird die wirklich grundlegende Forschung aber in den großen Ländern der Dritten Welt betrieben, wie Brasilien, China, Ägypten, Indien und Südafrika.

Und gerade diese wissenschaftlich potenten Länder engagierten sich in großem Stil in der biotechnischen Forschung, einschließlich der Austestung und Produktion von genmodifizierten Nutzpflanzen. Dafür mussten Gesetze und Bestimmungen über Testverfahren, Überwachung und Sicherheit erlassen werden. Diese Aufgaben wurden auf der Forschungs- wie der Verwaltungsebene in Angriff genommen und sind nun im Laufen. Daher können diese Ländern nun internationale Kollaborationen mit multinationalen Unternehmen eingehen und Gentechnik in der Landwirtschaft anwenden.

In vielen kleineren Ländern wurde bisher weder legislativ noch administrativ ein Stadium erreicht, das Kollaborationen oder die eigenständige Entwicklung von gentechnisch veränderten Nutzpflanzen ermöglicht. Daher muss eindeutig festgelegt werden, dass in diesen Ländern augenblicklich keine Experimente durchgeführt werden dürfen. Der Ruf jedes Unternehmens, das dies versuchte, wäre wahrscheinlich vollkommen ruiniert, dies sehen die multinationalen Unternehmen auch ein. Bisher gab es noch nie den Fall, dass Entwicklungsländer als Testgebiete benutzt wurden, ohne die eindeutige Einwilligung und ohne die feste Überzeugung, dass das Entwicklungsland fachlich für eine derartige Entscheidung genügend ausgerüstet ist.

Die Voraussetzung eines korrekten Verhaltens mag selbstverständlich klingen. Daher wurde zudem eine Liste umfassenderer Forderungen an die Biotechnologie-Industrie in Bezug auf Entwicklungsländer aufgestellt. Es scheint vernünftig, ein Ausbildungsprogramm für Forscher aus Entwicklungsländern einzurichten, damit diese auf den letzten Stand der Biotechnologie gebracht werden und somit das nationale Fachwissen erhalten, das zur Evaluierung der neuen Möglichkeiten unerlässlich ist.[3] In einigen Fällen haben Privatunternehmen schon derartige Programme finanziert, kurzfristig könnte das öffentliche Image dieser Firmen stark verbessert werden, würde regelmäßig Geld für derartige Aufgaben eingeplant. Längerfristig würde dies die Chancen dieser Firmen auf Kollaboration mit Ländern verbessern, die andernfalls weiße Flecken in ihrer Vermarktungskarte blieben.

Das Aus für einen Terminator

Kennzeichnungssysteme für genmodifizierte Produkte scheinen heute in der Europäischen Union eine Selbstverständlichkeit, tatsächlich war jedoch viel mühsame Vorarbeit notwendig, um dieses Stadium zu erreichen. Mit gleicher Zähigkeit verfolgte man lange Zeit eine mehr als zweifelhafte Idee, die von einigen großen Gentechnikfirmen in die Welt gesetzt worden war: Es wurden Pläne für die Entwicklung von Pflanzen geschmiedet, die sterile Samen entwickeln und daher nach der Ernte nicht

---

[3] Gordon Conway, The Rockefeller Foundation and Plant Biotechnology, Rede vor dem Monsanto-Management, Juni 1999.

keimfähig sind. Als diese Technik, die in einer Zusammenarbeit von privater und öffentlicher Forschung in den USA entwickelt worden war, patentiert wurde, waren ihre Erfinder überzeugt, nun eine hervorragende technische Lösung für ein lästiges technisches Problem gefunden zu haben.

Grundsätzlich kann jeder Bauer nach der Ernte Samen – wie beispielsweise Getreidekörner oder Saatkartoffeln – zurückbehalten und somit seinen eigenen Vorrat für die nächste Aussaat anlegen. Für Samen und Saatkartoffeln wird jedoch ein besserer Preis erzielt als für Getreide oder Kartoffeln, die am Scheunentor verkauft werden, daher sind die Saatgutproduzenten gar nicht begeistert, wenn Bauern selbst Saatgut horten. Infolgedessen kann die Bevorratung mit Saatgut für das nächste Jahr nach den vertraglichen Bestimmungen für patentierte Nutzpflanzen ausdrücklich verboten werden.

In den wohlhabenderen Ländern spielt dies keine große Rolle, hier kaufen die Bauern im Allgemeinen lieber frisches Saatgut, weil das Krankheitsrisiko dadurch ausgeschlossen und mit großer Wahrscheinlichkeit eine Pilz- und Schimmelbehandlung und zudem eine Keimgarantie erwartet werden kann – außerdem sind viele Sorten Hybride, die in der zweiten Generation bei weitem nicht so ertragreich sind wie in der ersten. Aus all diesen Gründen kaufen die Bauern jedes Jahr frisches Saatgut. Bei genverändertem Saatgut wirkt die Unfähigkeit zu keimen zudem als Präventiv gegen das Auskreuzen in der freien Natur.

Bei dieser Technik ist jedoch ein schwerwiegendes Problem zu berücksichtigen: Viele Bauern in der Dritten Welt verwenden die Samen aus einer Ernte für die folgende Aussaat, weil sie es sich einfach nicht leisten können, jedes Jahr neues Saatgut zu kaufen. Schätzungen zufolge gilt dies noch immer für 80 Prozent der Bauern in der Dritten Welt.[4] Ohne eine spezielle Untersuchungsausrüstung können genmodifizierte Pflanzen –

---

[4] Gordon Conway, Crop Biotechnology: Benefits, Risks, and Ownership, Vortrag anlässlich einer von der OECD gesponserten Konferenz über Biotechnologie, Edinburgh, 28. Februar – 1. März 2000.

etwa Maissamen – nicht von Samen aus konventioneller Züchtung unterschieden werden. Dies könnte für Bauernfamilien, ja für ganze Dörfer unheilvolle Auswirkungen zeitigen, weil es in Entwicklungsländern allgemein üblich ist, Nachbarn Saatgut zu borgen oder zu verkaufen.

Eine Zeit lang sahen die Saatgutproduzenten gerne über dieses Detail hinweg, von den öffentlicher Entwicklungsforschungseinrichtungen und NGOs kam jedoch eine derart heftige Reaktion – es wurde der Ausdruck „Terminatorgen" geprägt –, dass die Patentinhaber ihre Waffen streckten, zumindest für den Augenblick. Nachdem der Konflikt den ganzen Sommer lang hinter den Kulissen ausgetragen worden war, gab Monsanto im Herbst 1999 eine Erklärung ab, wonach in den nächsten fünf Jahren keinerlei Terminatorgene in der Entwicklungsarbeit des Unternehmens zum Einsatz kommen würden.[5]

Der Industrie müsste daher u. a. die Verpflichtung auferlegt werden, dass diese Technologie später nicht in für den Einsatz in der Dritten Welt entwickelten Nutzpflanzen auftaucht. In den entwickelten Ländern ist die Situation nicht so problematisch, da der Wissensstand einerseits im Allgemeinen höher ist und andererseits die Wiederverwendung von geernteten Samen schrittweise aufgegeben wird.

Aber wie steht es mit dem Gewinn?

Niemand, der die Entwicklung der Gentechnik in der Landwirtschaft verfolgt hat, hegt wohl Zweifel daran, dass die Privatwirtschaft von einem beträchtlichen Gewinnstreben angetrieben wird. Jahrelange Arbeit und Millionen Dollar gehen in die Entwicklung eines marktreifen Produkts. Auf dem Weg dahin geraten die Forscher nur allzu oft in eine Sackgasse und müssen so manchen halb ausgegorenen Prototyp einstampfen.

---

[5] Terminator Seed Sterility Technology Dropped, Presserat der Rockefeller Foundation, 4. Oktober 1999, www.rockfound.org.

Und wenn die Firmen schließlich ein erfolgreiches Produkt in der Hand haben, können sie immer noch nicht sicher sein, ihre Investitionen wieder einzuspielen. Genehmigungen können zurückgenommen werden, wie im Falle der EU, oder Verfahren gestoppt, wie dies beim EU-Moratorium für Neuzulassungen geschah. Das Produkt, das es schließlich bis zur Vermarktung schafft, muss dann den Gewinn bringen. Deshalb bestehen die Produzenten so hartnäckig auf Patentierung und deshalb sichern sie sich durch Verträge mit den Bauern und Kontrollen gegen Missbrauch ab.

Unter diesem Aspekt scheint der Trick mit dem Terminatorgen durchaus logisch, für die Entwicklungsländer bietet er jedoch keinerlei Aussicht auf Fortschritt. Nun wird überlegt, zur erwünschten Absicherung der Investitionen eines Unternehmens weniger radikale Methoden anzuwenden. Ein Produzent entwickelt beispielsweise eine widerstandsfähige, ertragreiche Maispflanze, die zudem die Eigenschaft besitzt, eine bestimmte Pflanzenkrankheit zu tolerieren, wenn die Samen mit einer von dem gleichen Unternehmen entwickelten wenig schädlichen Chemikalie behandelt werden. Eine derartige Sorte wäre für viele Nutzer interessant, nicht zuletzt in einigen Entwicklungsländern.

Bauern mit ausreichender Finanzkraft könnten dann die neuen Getreidesamen und die nötige Menge an Chemikalien kaufen, die im Falle eines Krankheitsausbruchs den Schutz aktivieren. Nach der Ernte könnte Saatgut, falls erwünscht, für die folgende Aussaat aufgehoben werden und dieses würde dann wie geplant funktionieren. Der eingebaute Schutz wird jedoch nur dann aktiviert, wenn die Chemikalie zum Einsatz kommt, das Unternehmen müsste daraus den Gewinn erwirtschaften. Der Bauer kauft nicht die Katze im Sack, er bekommt genau das, wofür er bezahlt hat – ein widerstandsfähiges, ertragreiches Getreide, das wiederverwendet werden kann, seine neuen Eigenschaften jedoch nicht an die Umgebung weitergibt.

Aus ethischer Sicht wäre eine derartige Getreidesorte nicht so problembehaftet wie die Terminatortechnologie, auch wenn für deren technische Durchführbarkeit etwas Fantasie notwendig ist. Bevor sofort Einwände angemeldet werden, muss man sich im Klaren sein, dass die Landwirtschaft ein Geschäft ist und daher Geld und nicht Philanthropie das Sagen hat. Die öffentliche Forschung wäre gar nicht in der Lage, die ganze Fülle notwendiger Entwicklungsarbeit zu leisten.

Wird dieser Vorschlag eines Tages einmal in der Dritten Welt wirklich in die Tat umgesetzt, wird es natürlich zu Auseinandersetzungen kommen. Es ist aber nun einmal unmöglich, alle Hoffnungen zu erfüllen. Eine hervorragende Nahrungsergänzung für die Armen scheint der mit Eisen und Vitamin A angereicherte genveränderte Reis zu sein, der durch öffentliche Forschung mit finanzieller Unterstützung von privaten, philanthropischen Stiftungen entwickelt wurde und den Ländern zur weiteren Züchtung kostenlos zur Verfügung gestellt wird. Im Namen gerade jener armen Menschen lehnt „Christian Aid" derartige synthetische Erfindungen ab.[6] So viel zur Nächstenliebe. Es wird argumentiert, dass eine abwechslungsreiche Ernährung für die Armen besser wäre, dann gäbe es dieses Problem nicht. Mitnichten, möchte man sagen, denn in diesem Fall wären sie nicht arm.

Wie zu erwarten leistete die dänische Sektion von „Friends of the Earth", NOAH, umgehend Schützenhilfe bei dieser Kritik am Goldenen Reis und erklärte, dass die Privatfirmen nur darauf aus seien, Geld in die eigene Tasche zu wirtschaften.[7] Auch in diesem Fall erscheint die Forderung berechtigt, dass jeder Fall einzeln betrachtet und jeweils nach den tatsächlich vorhandenen Vor- und Nachteilen beurteilt werden sollte.

Die Umwelt-NGOs verhielten sich dazu von Anfang an ablehnend und wurden von vielen NGOs mit Schwerpunkt in der Entwicklungsarbeit – mehr oder weniger nachdrücklich – unterstützt. Beunruhigend ist zu sehen, dass Privatorganisatio-

---

[6] www.christian-aid.org.uk, Zugriff Februar 2000.
[7] Bo Normander, Husk de bæredygtige løsninger, Politiken (Dänemark), 5. März 2000.

nen, die hohe Standards gesetzt und die westliche Gesellschaft für die Probleme der Landwirtschaft und der Nahrungsmittelsicherheit in Entwicklungsländern sensibilisiert haben, indem sie diesen moralische und physische Unterstützung gewährten, völlig blind für das Potenzial der Gentechnik im Hinblick auf die Ernährung der Armen der Welt sein dürften. Es scheint, als hätte ihre ausgeprägte Skepsis gegenüber der Verwicklung privater Unternehmen die Oberhand über einige zukunftsträchtige Aspekte der neuen Technologie gewonnen und diese in den Schatten gestellt.

Die Privatunternehmen machen die Sache sicherlich nicht einfacher, von den NGOs könnte man jedoch trotz all ihrer Vielfältigkeit erwarten, dass sie die Möglichkeiten nach den jeweiligen Meriten beurteilen und sich nicht einfach hinter einem kategorischen, einheitlichen „Nein" verschanzen. Bei manchen privaten Entwicklungsorganisationen machen sich nun auch tatsächlich eine differenzierte Haltung und eine größere Gesprächsbereitschaft bemerkbar.[8] Mit einer derartigen Einstellung könnten die NGOs zweifelsohne zu einer wertvollen Lobby werden – die nicht einfach dagegen ist, sondern ihre Macht einsetzt, um die Möglichkeiten auf den Weg zu bringen, die im Endeffekt die positiven Aspekte der Gentechnik für die Kleinbauern in der Dritten Welt sichern.

Könnten sich die Privatunternehmen entschließen, ihre Beschränkungen auch nur ein wenig zu lockern, könnte eine allgemein größere Offenheit gegenüber der Weiterentwicklung und dem Einsatz der Gentechnologie die Firmen zur Einsicht kommen lassen, dass sich das Patentsystem mit seiner starken Betonung auf Einhaltung der eigenen Rechte auf die Entwicklungsländer negativ auswirkt. Das unter den Auspizien der Welthandelsorganisation geltende System von Rechtsbestimmungen bietet insbesondere für Pflanzen eine weitere Möglichkeit. Es handelt sich hierbei um das schon zuvor er-

---

[8] Telefonische Nachfrage bei den dänischen NGOs IBIS, Folkekirkens Nødhjælp und Mellemfolkeligt Samvirke, März 2000.

wähnte Regelwerk zum Schutz von Pflanzensorten PVP, das lange Zeit internationale Norm war und auch heute noch in den meisten Ländern das einzige System ist. Patentierungen funktionieren im Gegensatz dazu eher wie eine Art Pachtvertrag für Bauern. Gegen eine Gebühr kann das Recht auf den Anbau von Samen einer patentierten Nutzpflanze gepachtet und die nachfolgende Ernte verkauft werden. Dieser Vorgang gleicht in etwa dem Kauf eines Softwareprogramms für den Computer, es ist lediglich etwas komplizierter, da wir das Computerprogramm zumindest auf unseren eigenen Maschinen wiederverwenden dürfen. Wie bei der Software dürfen wir die patentierte Pflanze jedoch nicht weiterentwickeln und das verbesserte Produkt dann verkaufen. Dies ist der Vorteil des konventionellen Systems: Wie in anderen klassischen Forschungsbereichen baut auch da jede Generation auf der vorhergehenden auf.

Eine weitere Bedingung bestünde daher in der Einsicht der großen Unternehmen, dass sie auch mit weniger Patentierungen auskommen und sich stattdessen mit den festen Garantien des PVP-Systems absichern können, das den Samenherstellern bis jetzt immer hervorragende Gewinne gesichert hat. Bis das PVP wieder zur Norm wird, wäre es vernünftig, wenn alle Unternehmen so handelten wie schon jetzt in einigen Fällen – den Forschern und Landwirten in den Entwicklungsländern Lizenzen *en masse* auszustellen. Es wäre auch sehr hilfreich und ein positives Signal, würden entscheidende technologische Schritte – wie beispielsweise eine der geschützten Techniken für den Gentransfer von einem Organismus zum anderen – für die Verwendung in der Dritten Welt freigegeben.

Von allen Seiten werden Forderungen nach derartigen Maßnahmen laut[9] und es besteht kaum ein Zweifel, dass Großun-

---

[9] Brian D. Wright, IPR Challenges and International Research Collaborations in Agricultural Biotechnology, Beitrag auf der Konferenz über Agricultural Biotechnology in Developing Countries: Toward Optimizing the Benefits for the Poor, Zentrum für Entwicklungsforschung (ZEF), Bonn, 15.–16. November 1999.

ternehmen langfristig gut beraten wären diesen nachzukommen. Die zahlreichen Fusionen und Buyouts führten zu so großen Ballungen, dass dieser Trend zur Monopolisierung Regierungsbehörden in manchen Ländern zwingen könnte, deren Entflechtung zu fordern. Je provokativer ein Monopol geführt wird, desto größer ist das Risiko eines staatlichen Einschreitens. Nach jahrelanger Nichtbeachtung der Forderung nach einem Dialog über Patentierungen und deren Alternativen wäre es seitens der Industrie nur vernünftig, sich diesbezüglich etwas offener zu zeigen.

Man kann nie zu vorsichtig sein

Dieser Spruch war das inoffizielle Motto im übervorsichtigen Beamtenapparat früherer Zeiten, als man Fehler um jeden Preis vermeiden wollte. Im Allgemeinen gelang dies, wenn auch – wie zu erwarten – die Fortschritte ebenfalls nur mager waren. So ist das eben üblicherweise. Heutzutage gilt in den meisten gesellschaftlichen Bereichen ein anderes Gleichgewicht zwischen Fortschritt und Sicherheit, gleichzeitig sind wir jedoch im Besitz von Kenntnissen und Kontrollmechanismen, die die Forderung nach einer fast absoluten Risikoabsicherung erhöhen, ohne dass gleichzeitig das Tempo des Fortschritts verringert wird.

Im Februar 2000 fassten die deutschen Behörden den Entschluss, die Genehmigung einer genmodifizierten Maissorte zurückzunehmen, da diese mit Hilfe eines Markergens entwickelt worden war, das gegen eine gewisse Gruppe von Antibiotika resistent ist. Wie zuvor aufgezeigt, wurde dieses Verfahren bei der Forschungsarbeit gewählt, um die Arbeit im Labor zu erleichtern. Eine ganze Reihe von Ländern hat die Vermarktung dieser Maissorte nicht genehmigt, wiederum aufgrund der herrschenden Unsicherheit über das Risiko, dass die Antibiotikumresistenz im Mais zur Entstehung resistenter Bakterien führen könnte, die Menschen befallen.

Es ist schwierig, eine absolute Garantie zu erhalten, dass die Arbeit mit diesem Markergen-Typ keinerlei Gesundheitsrisiko in sich birgt. Die Pflanzen sind nun schon einige Jahre am Markt und bis jetzt sind noch keine Probleme bekannt. Wissenschaftliche Zweifel wurden jedoch angemeldet und die theoretische Möglichkeit der Entstehung derartiger Schwierigkeiten eingeräumt. Daher wurde sowohl in der privaten als auch in der öffentlichen Forschung an Methoden gearbeitet, diesen Markergen-Typ im Endprodukt zu entfernen.

Einerseits kann der antibiotische Marker nach Beendigung der Entwicklungsarbeiten und vor der Vermarktung der neuen Pflanze entfernt werden: Da es sich dabei um einen ziemlich komplexen Vorgang handelt, ist dies nicht billig, aber durchaus machbar. Andererseits können auch andere, nicht schädliche Marker entwickelt werden. Diese Methoden finden nun Eingang in die Labors und werden bald zum Standardprozess gehören. Die Verwendung von neuen, durch die Privatwirtschaft patentierten Markern wird natürlich Geld kosten. Aber auch die von der öffentlich finanzierten Forschung entwickelten Marker werden wahrscheinlich einen gewissen Prozentsatz privatwirtschaftlicher Technologie enthalten, sodass auch bei diesen gewisse Kosten entstehen.

In einer derartigen Situation ist es vorstellbar, dass Unternehmen, die über die Rechte an ihren eigenen Technologien verfügen, sich dazu verleitet sehen, weiterhin ihre eigene Technik einzusetzen, auch wenn Antibiotikum-resistente Marker daran beteiligt sind, weil ihnen so keine Kosten entstehen. Aus diesem Grund werden gesetzliche Bestimmungen erlassen werden müssen, die zur Ablösung der ersten Generation von Genmarkern führen. Die schon auf dem Markt befindlichen Sorten werden wahrscheinlich modifiziert, der alte durch den neuen Markertypus ersetzt werden müssen; sonst werden sie, wenn bessere Produkte verfügbar sind, nicht mehr verkäuflich sein, wie die deutsche Reaktion bewiesen hat.

Höhere Priorität für sozialen Nutzen

Will man den Gedanken an den Einsatz von Gentechnik in der Landwirtschaft nicht grundsätzlich verdammen, so muss eingeräumt werden, dass sich den Entwicklungsländern dadurch einige positive Möglichkeiten bieten. Von selbst werden diese bemerkenswerten Aussichten jedoch keine Früchte tragen. Der Markt wird die Waren nicht liefern, wenn keiner da ist, der sie kauft. In der besten aller möglichen Welten werden wirksame staatliche Systeme gebraucht, die unterstützend eingreifen und das liefern, was die Allgemeinheit braucht, in diesem Falle ist dies eine solide Agrarforschung.

In der Mehrzahl der Entwicklungsländer ist die staatliche Infrastruktur jedoch schwach und unterfinanziert und kann Dienstleistungen daher lediglich in sehr geringem Umfang bereitstellen. Um dieses Manko auszugleichen, wurde eine Reihe internationaler öffentlicher Systeme geschaffen, u. a. die CGIAR-Gruppe landwirtschaftlicher Forschungszentren. Die CGIAR verfügt über ein Jahresbudget von etwa 350 Millionen US-Dollar. Dies klingt nach sehr viel, wird das Geld jedoch auf die 16 Zentren aufgeteilt, die mit der Forschung auf den Gebieten landwirtschaftliche Nutzpflanzen, Viehzucht, Fischereiwesen, Agroforstwirtschaft, Systeme zur Erhaltung von Pflanzengenen und Nahrungsmittelpolitik befasst sind, bleibt nicht viel für jedes einzelne. Zudem bietet das CGIAR den Entwicklungsländern seine Hilfe beim Aufbau eigener Forschungsinstitute an.

Etwa zwanzig Prozent der Haushaltsmittel sind in jedem Zentrum der Ausbildung von Entwicklungsforschern vorbehalten. Jedes der mit der Züchtung von Nutzpflanzen befasste Zentrum gibt den Löwenanteil des Geldes für konventionelle Agrarforschung aus. International gesehen macht dieser Geldbetrag lediglich einen winzigen Bruchteil der Mittel aus, die jeder großen Gentechnikfirma zur Verfügung stehen. Die Ausgangslage im öffentlichen und privaten Sektor ist daher keineswegs gleich, obwohl die Forscher in einigen reichen Ländern in ihren eigenen Labors an der Entwicklung von Nutzpflanzen für die Dritte Welt arbeiten.

Der reiche Teil der Welt müsste also stärker in die Agrarforschung der Dritten Welt investieren. Durch stärkere Beteiligung an der internationalen Agrarforschung und durch Einbringung ihres enormen Erfahrungsschatzes könnte die entwickelte Welt dazu beitragen, dass die Gentechnik letztlich ihr Versprechen, für die Ernährung der Armen zu sorgen, zu einem gewissen Grad erfüllen könnte.

Durch ein Ausschreibungsverfahren könnten die Entwicklungsländer jedoch auch direkten, einschlägigen Nutzen aus der privaten Genforschung ziehen. Es könnte sich eine Gruppe von Hilfsorganisationen zusammenschließen, um ein besonders brennendes Agrarproblem auszumachen, wie zum Beispiel die Blattmosaikkrankheit in Afrika, die für die Maniokpflanze eine große Gefahr darstellt. Das Blattmosaik ist ein Virus, das durch winzige Insekten übertragen wird und bis dato praktisch als unbehandelbar gilt. Die Ausrottung des Blattmosaiks wäre für die armen Bauern ein großer Segen, da Maniok auch auf unfruchtbaren Böden und bei unzuverlässigem Niederschlag gedeiht.

Das Virus und dessen Verbreitung könnte dadurch bekämpft werden, dass die Pflanzen gegen die Krankheit resistent gemacht werden; wie auch immer dies erreicht wird, wären wahrscheinlich doch einige Gene beteiligt, damit sich die Resistenz gegen das Virus nicht zu rasch verliert. Dieser Vorgang ist teuer und kompliziert und verlangt nach moderner Ausrüstung, Spezialwissen und dem Zugang zu neuester Technologie. Nur sehr wenige Entwicklungsländer wären in der Lage, diese Aufgabe innerhalb eines vertretbaren Zeitrahmens zu lösen, ganz sicher nicht jene afrikanischen Länder, in denen das Blattmosaik grassiert.

Unter der Anleitung von Experten könnten die Hilfsorganisationen den vollen Umfang einer derartigen Maßnahme kalkulieren und einen „Wettbewerb" für die Entwicklung einer ertragreichen Maniokpflanze ausschreiben, die gegen Blattmosaik vollkommen resistent ist. Der Preis müsste natürlich die zu erwartenden Entwicklungskosten decken, dazu käme eine ansehnliche Prämie, die dem in der Agrarforschung üblichen Gewinn entspricht. Am Wettbewerb könnten sich private und öffentliche Einrichtungen – möglichst in Kollaboration – beteiligen, es sollte jedoch lediglich einen ersten Preis für die erfolgreiche Bewältigung der Aufgabe geben. Die neue Pflanze würde dann zum öffentlichen Eigentum und stünde zur weiteren Entwicklung und Anpassung an lokale Bedingungen zur Verfügung, die Kleinbauern könnten sie dann kostenlos nutzen.

Ähnliche Ideen wurden immer wieder für die Entwicklung der Malariaimpfung ins Spiel gebracht[10] – auch hier handelt es sich ja um ein dringliches Problem mit riesigen Ausmaßen in den Entwicklungsländern, für das es sicherlich eine technische Lösung gibt, wenn das nötige Geld für die Forschungsarbeit aufgetrieben werden kann.

Langsam, aber sicher

Nach dem Aufschrei, der auf den übereilten Start genveränderter Nahrungsmittel in einen unvorbereiteten Markt folgte, haben die großen Saatguthersteller ganz bestimmt viel Lehrgeld bezahlen müssen. Auch die besten Erfindungen – und diese haben nicht dazu gezählt – brauchen Zeit, bis sie akzeptiert werden. Statt einer Fall-zu-Fall-Entscheidung führte das überhastete Vorgehen der Firmen zu einer Konfrontation um alles oder nichts, für oder gegen die Genmodifikation.

Insofern hat das jetzige Verhalten nur wenig mit dem Gesprächsmodell gemein, das normalerweise bei wichtigen Fragen in einer kompromissbereiten demokratischen Gesellschaft gilt. Eines unserer wichtigsten Ziele muss daher eine Rückkehr zu einer vernünftigen Diskursform sein. Nicht jede Art

---

[10] Jeffrey Sachs, Helping the World's Poorest, The Economist, 14. August 1999.

der Gentechnik ist vertretbar und nicht jedes Risikoszenario trifft auf jeden Fall zu.

Viel Schaden wurde in der Diskussion dadurch angerichtet, dass eine ganze Reihe unterschiedlicher Fragestellungen in einen Topf geworfen wurden. Wenn Biologen über die wissenschaftlichen Aspekte des Themas diskutieren (natürlich sind sie sich nicht alle einig), wird auf ihre Argumente mit einer Ablehnung der Monopolisierung durch die multinationalen Konzerne und die Konzentration des Kapitals reagiert. Wenn auf das Nahrungsmitteldefizit in der Dritten Welt hingewiesen wird, werden Statistiken herausgezogen, die beweisen, dass es genügend zu essen gibt, wenn die Nahrung nur gleichmäßig auf der Welt verteilt wird. Argumente gegen das Verbreitungsrisiko genveränderter Maissamen in Mexiko werden für den Kampf gegen eingebaute Resistenz gegen Kartoffelschädlinge in Dänemark verwendet!

Natürlich kann die Diskussion nicht wieder vollkommen neu aufgerollt und der ganze schon aufgewirbelte Staub vergessen werden. Dennoch sollte man vielleicht einem guten Ratschlag folgen, der von zwei Wissenschaftlern der königlich dänischen Veterinär- und Landwirtschaftsuniversität kam: „Hier die Rüben, da der Raps."[11] Damit meinen sie, dass (zumindest in Dänemark) die Risiken der Kreuzung mit Wildformen bei diesen beiden Nutzpflanzen ganz unterschiedlich zu bewerten sind, da Raps einjährig ist und auf Versuchsfeldern angebaute Futterrüben zweijährig sind und vor der Blüte geerntet werden. Daher müssen, unter dänischen Bedingungen, beim Raps nicht notwendigerweise die gleichen Überlegungen angestellt und Vorsichtsmaßnahmen ergriffen werden wie bei genveränderten Rüben.

Dieser Ratschlag hat auch eine allgemeinere Gültigkeit: Es macht keinen Sinn, dass Überlegungen, die in einem Kontext

---

[11] Lykke Thostrup, Roer for sig og raps for sig, in: BioinfoNYT, königlich dänische Veterinär- und Landwirtschaftsuniversität, Kopenhagen, September 1999.

vielleicht voll und ganz zutreffen, die Regeln in einer ganz anderen Situation bestimmen. Dies könnte zu mangelnder, aber auch übermäßiger Regulierung und Kontrolle führen, wenn uns nur ein standardisierter Lösungsansatz bleibt. Im dänischen Kontext ist Raps hiefür ein ausgezeichnetes Beispiel. Dänische Fachleute hatten derart ernsthafte Vorbehalte angesichts einer möglichen Kreuzung von genverändertem Raps mit Wildkräutern, dass eine bereits marktreife genveränderte Sorte auf Halde gelegt wurde – zumindest vorläufig. Bei Kartoffeln, die in Dänemark keine verwandten Wildformen besitzen, wäre das gleiche Argument für den dänischen Geltungsbereich sinnlos.

Es wäre durchaus vernünftig, eine Evaluierung jedes einzelnen Falles zur Bedingung zu machen, wie dies bei den Genehmigungsverfahren der EU geschieht. Ein derartiger Ansatz würde zweifelsohne zu mehr Objektivität in der ganzen Debatte führen und das Risiko einer Vermischung der einzelnen Problembereiche verringern. Sie alle können diskutiert werden, mit oder ohne Konsens, sie sollten aber getrennt behandelt werden.

Die politischen Aspekte von Abhängigkeit und Monopolisierung weisen ganz offensichtlich über die Gentechnik hinaus, sie sind vielmehr dem Thema Globalisierung zuzuordnen. Die Grenzen menschlicher Manipulation von Gottes Schöpfung sind ein weiterer Aspekt, der unabhängig diskutiert werden kann. Die Diskussion um ökologische oder konventionelle Landwirtschaft ist ein ideales Thema für einen allgemeinen Diskurs über unsere Erwartungen an die Landwirtschaft von morgen. Sozialer Nutzen ist ein vollkommen eigenständiger Themenkomplex, und zwar für alle Länder der Welt.

Und dann ist da noch die Frage nach der Beseitigung aller technischen Risikofaktoren, dies ist jedoch ganz eindeutig eine Aufgabe für Spezialisten. In der öffentlichen Diskussion wird noch immer nicht uneingeschränkt akzeptiert, dass ein bestimmtes Fachwissen erforderlich ist, um über gewisse Risikoaspekte der neuen Technologie zu entscheiden. Es ist im Übrigen vollkommen normal, dass ein allgemeines Misstrauen gegenüber einer neuen Technologie und gegenüber der Kompetenz und Glaubwürdigkeit von Regierungsbehörden wie Privatunternehmen die Haltung negativ beeinflusst.

Freie Entscheidung für jeden – für uns und für sie

Wenn man an einem Samstagmorgen bei der Kasse eines lokalen Supermarkts ansteht, scheint die Frage nach genügend Nahrungsmitteln wirklich kein Problem zu sein. Es gibt nicht nur genügend Lebensmittel, auch die Vielfalt an Produkten, Marken und Qualitäten ist überwältigend. Was wollen wir da noch mehr? Wir können leicht jeden Gedanken von uns weisen, dass wir genveränderte Produkte brauchen. Und wenn derartige Produkte in den Regalen unseres Lebensmittelgeschäfts auftauchen, müssen wir sie ganz bestimmt nicht in unseren Einkaufswagen legen. Haben wir aber wirklich gute Argumente dafür, dass anderen dies verehrt werden soll?

Unserer Meinung nach sind die Einwände gegen genetische Veränderungen nicht schlagkräftig genug, um ein Ende jeder weiteren Entwicklung genveränderter Pflanzen zu verfügen. Zudem sind wir äußerst besorgt darüber, dass eine Minorität, die mehr als genug hat, jenen das Leben so erschweren soll, die nicht genug haben. Unvernünftig hohe Hürden könnten potenzielle öffentliche und private Investoren abschrecken: In einer einfachen und logischen Konsequenz könnten sie durchaus entscheiden, dass diese Technologie nicht mehr für Nahrungsmittel angewandt wird. Unsere Gesellschaft kehrt damit eventuell einigen möglichen Fortschritten den Rücken, wir werden aber auch so zurecht kommen.

Die Entwicklungsländer – China vielleicht ausgenommen – werden nicht die Möglichkeiten haben, von dieser Forschung zu profitieren, wenn sie nicht auf das Wissen und die Kontakte zum reichen Teil der Welt zurückgreifen können. Die entwicklungsorientierte öffentliche internationale Forschung wird tatenlos zusehen müssen, wenn die Geldmittel versiegen, falls in den Geberländern, die heute durch ihre Spendenbeiträge in die Forschung investieren, die Devise ausgegeben wird, dass derartige Forschungsvorhaben nicht mehr akzeptiert werden können. Und in unserem Teil der Welt werden die nationalen Wissenschaftler ihre Aufmerksamkeit natürlich jenen Gebieten zuwenden, die finanziell unterstützt werden.

Aus der konventionellen Agrarforschung werden, wie schon zuvor, regelmäßig gute Ergebnisse zu erwarten sein – aber weder in einem Tempo noch mit dem Innovationsgehalt, wie sie eindeutig erforderlich wären. Für uns ist nur schwer einzusehen, wie wir mit gutem Gewissen aus den neuen technologischen Möglichkeiten aussteigen können, wenn wir im Grunde genommen eine an sich persönliche Entscheidung zu einem globalen Diktat erheben.

SpringerMedizin

Richard G. Wilkinson

Kranke Gesellschaften

Soziales Gleichgewicht und Gesundheit
Mit einem Geleitwort von Richard Horst Noack

Übersetzt von Marie-Therese Pitner und Susanna Grabmayr.
2001. XXVI, 312 Seiten. 21 Abbildungen.
Broschiert DM 69,–, öS 489,–, ab 1.Jan. 2002 EUR 35,-
ISBN 3-211-83481-8

Warum sind manche der ‚modernen' Gesellschaften gesünder als andere? R. Wilkinson zeigt, dass nicht die Länder mit dem höchsten absoluten Einkommen die besten Gesundheitsdaten aufweisen, sondern jene mit den geringsten Einkommensunterschieden. Demnach wirken sich soziale Ungleichheit und relative Armut in absoluten Zahlen aus: die Lebenserwartung sinkt.

Anhand zahlreicher Beispiele wird gezeigt, warum das so ist und wie sich soziales Gleichgewicht auf die Lebenserwartung auswirkt. Wilkinson enthüllt das Ungleichgewicht zwischen materiellem Erfolg und sozialem Misserfolg der ‚modernen' Gesellschaften und richtet sich damit an alle, die sich über die zukünftige Entwicklung unserer Gesellschaft Gedanken machen.

SpringerWienNewYork

Springer-Verlag und Umwelt

ALS INTERNATIONALER WISSENSCHAFTLICHER VERLAG sind wir uns unserer besonderen Verpflichtung der Umwelt gegenüber bewußt und beziehen umweltorientierte Grundsätze in Unternehmensentscheidungen mit ein.

VON UNSEREN GESCHÄFTSPARTNERN (DRUCKEREIEN, Papierfabriken, Verpackungsherstellern usw.) verlangen wir, daß sie sowohl beim Herstellungsprozeß selbst als auch beim Einsatz der zur Verwendung kommenden Materialien ökologische Gesichtspunkte berücksichtigen.

DAS FÜR DIESES BUCH VERWENDETE PAPIER IST AUS chlorfrei hergestelltem Zellstoff gefertigt und im pH-Wert neutral.

GPSR Compliance
The European Union's (EU) General Product Safety Regulation (GPSR) is a set of rules that requires consumer products to be safe and our obligations to ensure this.

If you have any concerns about our products, you can contact us on

ProductSafety@springernature.com

In case Publisher is established outside the EU, the EU authorized representative is:

Springer Nature Customer Service Center GmbH
Europaplatz 3
69115 Heidelberg, Germany

www.ingramcontent.com/pod-product-compliance
Lightning Source LLC
LaVergne TN
LVHW010257260326
834688LV00044B/1327